Dr.Ellie

×

腎病貓的營養學

前言

我已經厭倦一次又一次提醒貓家長要注意貓咪飲水的門診日常。

在翻閱這本書之前，你可能還不知道，貓咪腎病在動物醫院裡確診的機率高得有多麼嚇人，也許上一個門診中我才叮嚀過某隻貓要多喝水，下一隻進來診間的就是極度脫水、眼神呆滯、口鼻透著難聞尿臭味的腎病貓。

先不提國際研究告訴我們的準確數字，我自己的感受是——這是一場貓的世紀災難。我很難不用聳動的文字來敘述我自己的感覺，但就是這麼誇張，我的臨床經驗告訴我，十隻來看病的老貓中大概六隻是腎病（不論是腎前性、腎性、腎後性），剩下的呢？大概一隻是糖尿病、一隻有腫瘤、一隻有血栓或其他問題吧！我的天！也就是說幾乎沒有貓可以倖免於難。

時至今日我在撰寫這本書的時候，還可以清楚記得這個月又多了幾隻腎病貓確診，然後又有幾隻正在急性轉慢性的邊緣，我們獸醫總要繃緊神經，跟時間、水分賽跑，搶下僅存的腎功能，在數字跟症狀表現上一決勝負。

當然，造成腎病的原因非常多，長期水分攝取不足只是因素之一，但卻是家長在日常能幫貓多加留意的少數環節。所以，即使只是打個預防針、看個皮膚病，只要有時間，我就會多費唇舌。會這麼苦口婆心，無非是水對於腎就像空氣之於生物一樣重要，乾淨的水分定時定量湧進腎臟中，就像一道活泉，帶來生命活力。

你說，難道貓這種生物自古以來就容易得腎病？患病率還這麼高？世界上如果有這樣的生物不是早該滅絕了嗎？怎麼還可以跟著人類一起生活了一萬年？事實上，貓的腎病患病率，是在人類文明進步以後，甚至可說是這一個世紀才開始起漲，原因是，我們抽乾了他們食物中的水分，而貓還處於反應不及的階段。

快速、方便的寵物飼料在19世紀末初試啼聲，到了20世紀開始終於成功在人類世界裡運作起來，隨著城市文明發展，追求快速便利的飲食模式抬頭，不論是人或動物的餐飲習慣都發生劇變。速食麵、速食餐廳、速食寵物糧食大量湧現在市集、家庭裡。說實在的，為了研發調配吻合犬貓營養需求的食物，我們不得不感謝寵物食品大廠付出的努力，確實帶給寵物主人方便，也提供犬貓充足營養，大幅延長犬貓壽命，讓我們迎接了伴侶動物高齡化的時代。

可惜的是，為了提供人們輕鬆簡單的餵食方式，寵物乾糧的設計力求體積小、重量輕，更重要的是，必須不容易腐敗，能夠室溫保存一段時間而不孳生細菌。為了消費者的需求，製造商使命必達的設計出乾燥食物，假設營養一切充足無虞，在這樣的基礎上我們僅僅只拿掉了水分，就可以大幅降低防腐劑的用量，因為乾燥的環境能有效避免細菌蓬勃發展，多好！

在這波浪潮下，犬科動物因為天生生理機制，讓他們對於身體缺水的訊號特別敏感，即使只吃乾燥食物，在餐點中無法獲得滿足的水分，他們也懂得自己尋找水源，咕嚕嚕的大口喝水，補足剩餘不夠的水量。而貓呢？很可惜的是，他們仍然堅決站在浪頭，對抗浪潮。

我的意思是，貓科動物還沒能找到因應的方式。他們吞下乾燥食物之後，雖然覺得好像有那麼點口渴，但似乎還可以再拖一下，那就先等等，晚點再喝水吧！就這樣，因為對於渴覺並不那麼敏感，也不想積極補充，結果等到貓終於想到要喝水的時候，身體早就缺水好一段時間。隨著年歲增長，體內各器官機能衰退，加上貓先天比其他動物更容易因急性腎損傷走向慢性腎病的不歸路，（請翻閱本書 p.175），若貓仍繼續隱忍著不喝水，這時候，脫水再合併先天或其他因素，讓腎病進程加快，腎臟終於受不了，一瞬間就潰堤了。

請不要將這個問題怪罪到任何人身上，沒有事情是絕對的好與壞，飼料也算幫了我們一個大忙，只是它有所限制，而解除限制的鑰匙就掛在你身上。我建議大家即刻開始，將盯緊貓咪喝水的責任承攬起來，如果他忘了、少喝了、不夠認真在意自己口渴的感覺，請替他記得，請帶著他養成好習慣，將該喝的水分補足。

無論你是用騙的、餵的、灌的、飼料加水、換成主食罐，或是藉由富含水分的食物讓貓自然攝取到足夠的水分，都很好。

藉由富含水分的食物讓貓攝取足夠的水分，是多麼美好的一句話。而這也是我提筆寫下這本書獻給每隻貓咪，以及沒時間、沒耐性或不忍心逼貓喝水的家長最核心的動機。如果你懂得運用新鮮食物中富含的水分，你可以不必這麼辛苦追著貓餵水，我希望這本書能幫助大家同時替貓補水，又兼顧到貓咪的營養需求。

藉由新鮮食物讓貓攝取足夠的水分，又不造成營養缺憾，只要能做到這一點，我將替各位感到無比驕傲。

Dr. Ellie
2019.1.8

Part 1

貓與腎臟病

1-1 你所不知道的貓

如今陪在我們身邊的家貓，祖先來自大約一萬年前的肥沃月彎及古老的埃及城鎮*，因為人類農業聚落的發展，引來橫行的鼠輩，而貓咪為了方便狩獵小型哺乳類，開始徘徊在人類的生活周遭。

沒有誰服從誰、誰馴服了誰，貓為了取得食物自願走向人群，人們發現這些活躍於街坊的小精靈，擁有替人類驅逐害蟲和鼠患的本能，漸漸的，人愛上了貓，貓接受了人，彼此成為各取所需又相互依賴的伴侶。

*Driscoll CA et al: The Near Eastern origin of cat domestication, science 317:519,2007.

從身體結構認識貓

貓，生物分類上屬於哺乳類食肉目中對肉食最專一的貓科動物，從身體結構上我們可以看到許多有趣的端倪。

貓雖然和狗一樣都是人的家庭夥伴，一起歸類在食肉目，但和狗不同的是，貓對肉食有嚴格執著，無法像狗一樣適應人類雜食性的飲食模式，主要原因是貓的生理代謝根本離不開動物性蛋白質——貓的身體結構、生活習性完全就是設計來獵捕小動物吃的！

貓的口腔

如果你的貓願意張開嘴巴讓你仔細看看，你可以輕易發現肉食者的資訊。舉例來說，貓的牙齒數目相當精簡，所有牙齒都是尖銳如刀刃的形狀，跟狗狗圓圓胖胖如小山的牙齒型態截然不同。貓的口腔內左右上下各排列三顆精緻細小的門牙，能用來剪斷肉的肌理，兩旁緊緊挨著一把細長、微微向後彎曲的利刃——貓的四顆犬齒，專門用來刺穿、割破獵物身上富含蛋白質的肌肉組織，如

隨著農業開始發展，貓闖入人類的城市，以捕捉聚落出沒的鼠輩，也逐漸虜獲人類的心。

果你會遇上一隻憤怒的貓，必會對他銳利的犬齒敬畏三分。

望向貓的口腔深處，會發現後方牙齒的數目更為稀少，貓的前臼齒與臼齒數量都比狗兒少，甚至，貓連臼齒都非常尖銳，簡直找不到任何可供研磨的平面，這是我們人類這種雜食動物完全無法想像的！再加上貓的顎關節只能上下開闔、無法左右挪動，貓的口水不含澱粉酵素，我們因此得到一個重要的結論——因為貓幾乎不怎麼需要碳水化合物，口腔不需要接觸太多碳水化合物的纖維，貓的口腔結構便瀟灑刪除了處理碳水化合物的功能。

正因如此，貓對於碳水化合物相關的味覺也一併消失了。像是貓舌頭上的味蕾獨缺甜味的感受器，反而對胺基酸的味道更加敏感＊。若你想為貓準備下午茶，那麼提供新鮮的肉，佐以鮮美的肉湯絕對能大受歡迎。也因為生存安全之必要，貓能輕易辨識苦味，並對苦味相當排斥，因為遠離帶苦味的東西，對動物來說是一種遠離毒物的保護機制。

深知貓咪對苦味的恐懼，醫生開藥給貓咪吃的時候，也會盡量將苦口的藥粉用膠囊包藏起來，技巧性躲過貓咪的味蕾篩檢。如果你曾想讓貓跟狗狗一樣把藥混合糖漿喝下，必定會經歷一番「苦」戰，倒不如好好

用膠囊隱匿苦味

學習將藥粉填裝入膠囊中，接著快速用投藥器將膠囊推進貓咪喉嚨深處，再用針筒餵點水幫助膠囊滑入食道。有經驗的主人大多能快速完成這個看似艱難的工作。

我有位貓病人，是一隻有肥厚性心肌病併發慢性腎病的16歲波斯貓「波波」，他的家人在頭幾個禮拜回診時跟我不斷暗示餵藥很困難，經過耐心指導，不到一個月，便克服了重重阻礙，讓準確投藥不再是難事。

某次回診，波波的家人除了在我面前展示了一番她是如何優雅、不破壞跟波波之間深厚情誼的餵他吃藥，甚至開始主動教其他來候診的貓主人怎麼徒手把膠囊塞入貓的嘴裡。關於挑戰貓咪的苦味知覺，在我的經驗中，只要能夠學會使用膠囊藏匿起苦味，不要和敏感的苦感知味蕾正面交鋒，每個人都能夠順利餵貓吃藥。

*Bradshaw JW, Goodwin D, Legrand-Defretin V et al: Food selection by the domestic cat, an obligate carnivore, Comp Biochem Physiol A Physiol 114:205, 1996.

貓的胃腸道

看貓吃飯，是一種享受，但是許多家長看著看著，忍不住會想問，貓怎麼不太會細嚼食物？沒錯，這便是貓習慣的吃飯方式，畢竟貓不需費心思去研磨碳水化合物，仗著自己強大的消化肉類能力，若真碰到大塊的肉，就敷衍似的咬個幾下後就吞了。

現今同伴動物習慣的食物多半已是肉泥型態，貓幾乎是舔了就嚥，只花幾秒鐘的時間，當食物入喉後，輾轉進入胃中稍作停滯——我常比喻胃的位置就像水槽下的水管轉彎處，作為渠道的中繼站，不過這個膨大的轉彎處形狀像個提袋，能暫時儲存少量食物、預拌食物與胃酸，並對外來的食物進行過濾、殺菌——食物在這兒短暫停留大約 4 小時，之後就會離開胃，進入小腸進行營養消化與吸收。

貓的腸子其實正如他們的牙齒數量一樣，短短的、不拖泥帶水，能快速吸收養分，大分子的營養在小腸經過酵素分解成微小、可吸收的小分子營養，在小腸就地吸收養分後，將食物剩下的部分推移至大腸。

貓的大腸除了榨乾食物的水分，也會盡可能再多榨取一點殘餘價值，腸內益菌進駐在貓咪大腸中，在食物消化吸收的最後一哩路進行纖維分解，並用分解而成的短鏈脂肪酸守護著腸上皮細胞的健康。

食物歷經一番被盡情取用營養精華的過程，最後那些無法被身體利用的殘渣來到直腸，像是廢棄物的處理場一樣，無法吸收的殘餘物質混合著細菌、消化酵素、膽汁和水分形成糞便，在直腸裡靜靜等待合適的時刻被排出體外。

整個消化過程需時不過半天至一天，相較於人，貓的消化系統顯得非常有效率，這也是肉食動物的重要維生特徵，能飛快攫取所需養分，並將不需要的廢棄物及細菌迅速排出，避免病原在體內孳生。

但是，這樣精簡的消化系統，卻使得貓咪必須餐餐以適當餐點為主食，若是碰到食物難以消化的時候，就很容易造成消化吸收不良，導致貓咪腹痛、腹瀉、嘔吐。

貓的腸管長

貓的腸管長：體長為 4：1，狗為 6：1，比起雜食動物（例如豬 25：1），肉食動物的腸管明顯短了許多 *，為的是能儘快吸收營養、儘快排出廢棄物。

*Morris and Rogers, 1989; Meyer, 1990; Wolter, 1982

貓的吃飯習慣

貓咪原始的生活方式，就是獨自出沒在荒野或城鎮角落，靜靜埋伏著等待制伏獵物的最佳時機。因為總是單獨行動，他們的獵物必須體型嬌小，而那些能輕鬆被制伏的小型獵物選擇有老鼠、兔子、鳥、青蛙，有時候貓也會抓些昆蟲飽餐一頓*。

由此可知，貓的吃飯習慣是：喜歡獨自享用小分量的餐點，不愛喧嘩、爭搶，愛自顧自的、慢慢的享用少少的一頓飯，總是淺嚐即止。

原始貓的天然飯食，可拿一隻普通小鼠來作例子，小鼠可提供貓的熱量大約是30大卡，相當於貓一天熱量需求的十分之一，於是貓必須每天重複十多次慢慢進食的過程。研究指出，貓平均一天中需要進食7～20次，直到獲得維生所需的每日熱量*。因此，真正適合貓咪的餵食頻率，應該是少量多餐，而非像狗一般間斷規律的餵食。

然而，現代家貓因為要配合人們忙碌的生活，或家人不理解貓的進食特性，誤以為貓跟狗一樣都能在短時間內吃一頓大分量餐點，導致許多貓被逼著在每天兩次有限的時間裡，盡可能多吃些，這讓貓原本延展性

* Little, S. (2011). The Cat-E-Book: Clinical Medicine and Management. Elsevier Health Sciences.

就不如狗好的胃，被拼命塞滿食物，雖然慢慢的貓也習慣了主人這樣的餵法，但許多時候還是會因為胃被撐得不舒服，出現嘔吐的狀況，追根究柢，其實是貓咪根本不適合狗的間斷餵食法呀！

貓應該是少量多餐，而非像狗一般間斷規律的餵食。

貓式味覺

貓是肉食者，而且不分男女長幼，全體嚴格追求食物必須絕對新鮮的真理。他們不接受任何一點腐敗的跡象，對腐敗的味道非常敏感，放置過久的屍體會增加單磷酸核苷的濃度*，讓肉食者敬而遠之。

貓對特定食物的喜好養成，來自年幼時的記憶：母貓分泌乳汁中蘊含的胺基酸味道，或是離乳後直到六個月齡前貓咪嚐過的食物型態，無論是氣味或是食物的形狀、質地，都將在這個時期深深烙印在貓的腦海，影響這隻貓一輩子對於食物的品味。

換句話說，如果你想要你的貓未來不容易挑食，務必在貓滿6個月前安排多元的飲食體驗，若是緊守著單一氣味的食物或型態，會讓貓誤以為世界上的食物只有鮭魚一種味道，或只有三角形小顆粒這種單純的幾何形狀。多讓貓嚐嚐各種面貌的食物：乾的濕的、大的小的、來自海洋的、來自陸地的，你所能找到的貓可以吃的東西，都能幫貓增廣見聞。

貓對於胺基酸（蛋白質組成的基礎）的味道特別講究，因為貓咪舌頭上除了梳理毛髮用的倒勾，還分布著辨識特定味道的偵測器——味蕾，與雜食動物不同，貓咪舌頭上數量最多的味蕾是用來感受胺基酸的。某些胺基酸對貓來說，可比喻成人類所感受到的甜味，像是離胺酸、組胺酸、半胱胺酸等*，對人來說不怎麼好吃的離胺酸粉末，貓則是相當喜歡。

某些胺基酸提供了貓咪類似人類對於苦味的感受，例如精胺酸、異白胺酸、色胺酸等*，貓咪嚐多了會有點排斥。貓舌上數量第二多的味蕾用來偵測酸味，驅使貓咪尋找動物性食物中正常的核苷酸、避開屍體中累積的單磷酸核苷。另外，前面我提過，貓對甜味毫無知覺，但對苦味相當敏感，餵貓吃藥時只要舌頭一沾到藥粉，貓就會瘋狂分泌唾液，在嘴邊吐泡泡，是因為這個味道讓他們覺得非常恐懼。

人家說貓舌頭怕燙，其實是想表達貓對食物的溫度也有一定的要求。由於過去的貓捕捉獵物時，都是現宰現吃，此時入口的肉仍留有動物的餘溫，導致貓相較於可接受腐肉性食物的狗，更加要求微微帶著暖意的食物。溫度太低不行，因為那就像死去多時、正在孳生病原菌的屍體，低溫表示不夠新鮮；而太燙也不行，沒有動物會接受燙口的食物。

所以，招待貓咪時請稍微加熱，讓食物入口時呈現與體溫差不多的熱度，15～40度的微熱感最受貓咪歡迎。如果貓對你剛從冰箱拿出的食物嗤之以鼻，你就可以輕易理解他們不想吃冷凍櫃裡屍體的心情，還是乖乖回溫、遞上溫暖的餐點吧**！

*Bradshaw JW, Goodwin D, Legrand-Defretin V et al: Food selection by the domestic cat, an obligate carnivore, Comp Biochem Physiol A Physiol 114:205, 1996.

**Zaghini G, Biagi G: Nutritional peculiarityes and diet palatability in cat, Vet Res Commun 29(Suppl 2):39, 2005.

飲食喜好在 1～6 個月齡時養成

貓式味覺

喜歡	不喜歡或沒感覺
喜歡新鮮蛋白質（肉味）	對甜味沒有感受性
喜歡新鮮動物性脂肪的味道和質地	討厭苦味
喜歡一點鹹味	太鹹不喜歡
一點酸味還可以	太燙口的熱度不喜歡
原始貓科喜歡含水食物	討厭沒吃過的東西或味道
喜歡 15~40 度溫熱食物	
少量、多餐、慢慢獨自吃飯	

Little, S. (2011). The Cat-E-Book: Clinical Medicine and Management.
Elsevier Health Sciences.

從獨特營養需求認識貓

貓咪那肉食動物的天性，造就了我們日常熟知的可愛習性，而隱藏在小小肉食獸內在的代謝機能，是與雜食動物截然不同的營養需求，身為人類（雜食動物）的我們，必須一點一滴謹慎學習，才能體會其中奧妙。

蛋白質

成年人類一天需要的蛋白質量是每公斤體重乘以0.8至1公克蛋白質（每公斤體重蛋白質需求量是0.8至1公克），陪伴在人類身邊生活最久的狗，一天的必需蛋白質是人的3.25倍，並可以有條件接受雜食型態飲食；而嚴格遵守肉食準則生活的貓，每日蛋白質需求量是人的5倍*。

為什麼會相差這麼多呢？因為貓的血糖不像人或狗，可仰賴食物中碳水化合物供應，貓的血糖必須靠蛋白質分解成胺基酸，再經由肝臟將胺基酸轉化而成。因為維持血糖的工序與眾不同，為了穩定血糖濃度，貓必須不斷攝取蛋白質，那大概就像人類離不開碳水化合物一樣。

*National Research Council: Nutrient requirements of dogs and cats, Washington, DC, 2006, National Academies Press

胺基酸——組成蛋白質的拼圖

胺基酸是組成蛋白質的小單位，像是各式各樣的小拼圖，當貓吃下蛋白質之後就會將蛋白質拆解成小拼圖來使用。貓對特定胺基酸的依賴性，相較其他動物來得高，例如，因為貓肝臟處理蛋白質的效率相當好，當蛋白質代謝後，大量的蛋白質廢物必須從腎臟排出，為了高效率排出胺基酸，不讓廢物累積體內，某些用來調控含氮廢物排出速度的功能性胺基酸，像是精胺酸（Arginine）就很重要*。

另外，甲硫胺酸（Methionine）和半胱胺酸（Cysteine）則是貓咪毛髮生長、產生費洛蒙的必需元素，在未結紮公貓的尿液中排出的費洛蒙量高，因此公貓對以上胺基酸需求量也比其他動物來得多一些**。

最後，請特別注意貓咪的牛磺酸攝取量，和其他動物不同，貓必須每天吃到足夠的牛磺酸。牛磺酸（Taurine）是心臟、肌肉、腦和視網膜運作的必需胺基酸，大多數哺乳動物可以自行合成足夠的牛磺酸供應組織細胞使用，但是貓不行，貓咪自己合成牛磺酸的量非常有限***，因此飲食中一定要含有足夠的牛磺酸，否則貓的腦神經、視網膜、心臟一定會出問題。

---

* Morris JG: Nutritional and metabolic responses to arginine deficiency in carnivores, J Nutr 115:524, 1985.

** Raila J, Mathews U, Schwegert Fj: Plasma transport and tissue distribution of beta-carotene, vitamin A and retinol-binding protein in domestic cats, Comp Biochem Physiol A Mol Integr Physiol 130:849, 2001.

*** Morris JG: Idiosyncratic nutrient requirements of cats appear to be diet-induced evolutionary adaptations, Nutr Res Rev 15:153, 2002.

值得一提的是，牛磺酸必定來自於動物性食物，植物不具備牛磺酸，所以貓不可能吃全素，能吃全素的動物必須擁有自行合成足夠牛磺酸的能力。

脂肪

脂肪進入體內分解成小單位的脂肪酸，和蛋白質分解成胺基酸一樣，脂肪酸是脂肪的小拼圖。身體拿到各種脂肪酸來因應身體需要作使用，像是合成每顆細胞上的細胞膜、荷爾蒙的製造、供應能量或儲存能量，脂肪酸還可以用來調節發炎反應。

貓對脂肪酸有獨特的需求，除了和大多數哺乳類一樣，需要攝取的必需脂肪酸分成 Omega-6 和 Omega-3 兩大類，並維持這兩種脂肪酸在一定比例；貓咪與眾不同之處，在於 Omega-3 分類中的 EPA 和 DHA，也必須透過飲食吃到足夠的量。這是因為貓咪自行合成 DHA 和 EPA 的相關酵素不足，所以只能透過吃來滿足必需脂肪酸的需求。準備貓咪食物時，一定不能忘記供應充足的 DHA 及 EPA 脂肪酸。

碳水化合物

事實上貓很少吃什麼碳水化合物，主因是貓根本不需要碳水化合物來維持血糖。這點在前面的蛋白質篇說明過，貓的肝臟糖質新生時運用的是胺基酸，或從脂肪獲得熱量，而且貓體內用來分解碳水化合物的酵素恰好少得可憐，拿貓唾液來說好了，與人大不相同，貓咪口水幾乎不含澱粉分解酶*，貓胰臟分泌的澱粉酶大概只有狗的5%**，所以在提供能量、血糖這個部分，其實碳水化合物幫不上忙，這跟草食動物、雜食動物截然不同。

但別忘了，碳水化合物這個營養類別中，有個特別的族群，並非用來產生能量，而是用來促進腸胃蠕動或調控食物消化吸收速度，那就是纖維。除此之外，貓咪大腸內的細菌仍可利用纖維產生短鏈脂肪酸，供應腸上皮細胞營養。

所以，在貓的食物中，碳水化合物雖不用多，但還是需考慮纖維的含量。如果都沒吃纖維，貓的腸上皮細胞就無法獲得短鏈脂肪酸的滋養，而且沒吃纖維的貓腸蠕動速度比較慢，容易出現便秘的情況。

---

*National Research Council: Nutrient requirements of dogs and cats, Washington, DC, 2006, National Academies Press.

** Kienzle E: Carbohydrate metabolism of the cat. 3. Digestion of sugars, J Anim Physiol Anim Nutr (Berl) 69:203, 1993.

維生素

除了前面三大類巨量的營養素以外，動物身體不能自行合成的微量有機物質，歸類為維生素。貓是肉食動物，過去以捕獲獵物為主食及吃下動物內臟的結果，原始貓食自然能供應充足的維生素A、維生素D，因此貓的身體自然缺乏像其他雜食或草食動物一樣產生足夠維生素A、D的能力（犬科動物可透過攝取植物中的β胡蘿蔔素，自己合成維生素A）。

今日的貓咪和過去並沒有太大的代謝機能的改變，依然不像犬科動物一樣能適應雜食，所以，貓的膳食仍須提供充足維生素A、D。

易受傷害的代謝機能

因為血糖來自蛋白質，貓的肝臟對於轉化胺基酸形成血糖的機能非常活躍、非常積極。在肝臟中合成血糖的過程，我們稱為「糖質新生」。和雜食動物不同，貓的肝臟非常執著於執行糖質新生的工作，一般雜食動物可以隨著血糖狀況調整肝臟糖質新生的效率，像是雜食動物進食時的血糖，因為可以直接從膳食中的醣類獲得，不用肝臟額外費工夫多繞一圈來製造血糖，雜食動物的身體會發出訊號吩咐肝臟稍作休息，糖質新生速度可以慢一些；可是肉食的貓並不是這樣，貓的身體並不擅長減緩糖質新生的速度*。

彷彿過度恐慌低血糖似的，貓的肝臟總是努力不懈的將胺基酸轉成血糖，結果這種不知道適可而止的過度工作，造成了一種貓的困境——貓非常需要飲食中高比例的蛋白質來維持血糖，一旦貓咪吃不到足夠的蛋白質，身體就會發出「飢餓」、「營養不良」的警訊，僅僅是少了一點蛋白質攝取都不行，身體便會開始轉送脂肪到肝臟來維持能量。

脂肪肝，常常發生在那些茶不思飯不想的的胖貓身上。若是某天貓咪忽然沒有吃到足夠分量蛋白質，無法讓肝臟產生血糖、供應能量，這時獨特的狀況就發生了！

當貓咪營養不良或挨餓的時候，和大多數動物一樣，會把身體其他地方儲存的脂肪拿來燃燒產生熱量。來自胖貓身體各處、突如其來的大量脂肪被運送到肝臟中，貓卻不能非常有效率的將其轉成熱量，結果導致許多脂肪堆積在肝臟中，形成脂肪肝。

這時的肝臟，就像是一間堆滿雜物的倉庫，真正能用來工作的空間被

---

*Zoran DL: The carnivore connection to nutrian in cats J Am Vet Med Assoc 221:1559, 2002.

**Rogers Q, Morris J, Freedland R: Lack of hepatic enzymatic adaptation to low and high levels of dietary protein in the adult cat, Enzyme 22:348, 1977.

貓獨特的營養需求總結

- 貓的血糖是由吃下的蛋白質轉化而成，所以蛋白質是貓賴以為生的重要營養
- 貓有格外高的精胺酸（Arginine）、甲硫胺酸（Methionine）、半胱胺酸（Cysteine）和牛磺酸（Taurine）需求量
- 貓的飲食一定要提供充足必需脂肪酸，其中屬於 Omega-3 分類的 DHA 和 EPA 攝取量得特別注意
- 貓雖不怎麼需要碳水化合物，但仍有必要吃些纖維
- 肉食者的貓無法利用植物的 β 胡蘿蔔素合成維生素 A，必須直接吃到足量的維生素 A
- 貓不像人可以靠曬太陽合成充足的維生素 D

大大侷限了，肝臟其他該做的事就沒辦法如以往一般有效執行，於是出現肝功能下降等諸多臨床症狀，影響層面極廣，還可能造成貓咪死亡。

若要被定義為「能適應雜食的動物」，必須能直接取用食物中的醣類維持血糖，並具備可減緩肝臟糖質新生工作速度的能力。可惜貓沒有，貓的肝臟永遠是全速工作著，所以貓絕對是嚴格的肉食動物，必須持續吃到大量蛋白質，以提供胺基酸原料給肝臟製造血糖。

任性的生活方式

貓喜歡狩獵，喜歡到就算正在吃東西，窗台上來了隻麻雀，也會立刻吸引他的目光，驅使他放下眼前的食物，轉頭琢磨如何追捕獵物。對貓來說，**追逐獵物的樂趣遠超過吃東西這件單調平凡的小事**，相對於狗，貓較不熱衷於「吃」，有太多有趣的事能吸引他們的目光。毫無懸念轉頭丟下你精心準備的食物，這是貓的第一個任性。

貓不愛喝水，這是貓咪的第二個任性。貓咪尿液濃縮能力很好，許多貓仗著優秀腎臟與生俱來的能力，並不常主動去喝水，加上貓的渴覺中樞較不敏感，在狗早就起身去喝水的狀況下，貓通常會拖著、耗著，直到身體缺水的訊號非常強烈才會勉強淺嚐一點水，但只是小酌怡情罷了。

因此，貓咪非常倚賴食物中蘊藏的水分過活，一般獵物含水量約有60～70%，貓若能完整吃下一隻獵物，便能攝取到大量的水，所以，你幾乎很少看到一隻吃鮮食的貓會大口喝水，除非他身體出毛病了。

1-2 腎臟，不只是過濾這麼簡單

認識貓咪的腎臟與腎功能

和人一樣，貓擁有左右兩顆腎臟，位在後腹腔腰椎兩旁，大小約2～3個第二腰椎椎體長，正常狀態下摸起來邊緣平滑、具有正常內臟軟硬度。

如果你曾經看過你的醫生深深的、慢慢的按壓貓腹，從貓咪肚子兩側像是掐進去深處那樣按摩著貓的肚子——沒錯，醫生正在一路由消化道往後側嘗試觸摸腎臟，去感覺貓咪兩顆腎臟的大小和形狀，當然，這得有些經驗，而且也要看貓本身的狀況。

有的貓太胖、脂肪太厚，不見得摸得到，摸的結果可能也不準確，在這種曖昧不明的狀態下，不如簡單拍個X光、安排完整的超音波檢查，就能清楚腎臟的形狀和大小，還可順便確認有沒有什麼異常礦化物質沈澱在整個排尿管路。

貓的腎臟從人的眼光來看，確實小而精美，在這有限的空間裡，腎臟每天勤奮接送來自心臟大約 20 ~ 25% 的血液，將收到的血液過濾、去蕪存菁之後，送出乾淨血液回到身體循環中，就像兩座淨水場，努力不懈的保持貓咪身體血流純淨，並平衡血中電解質。

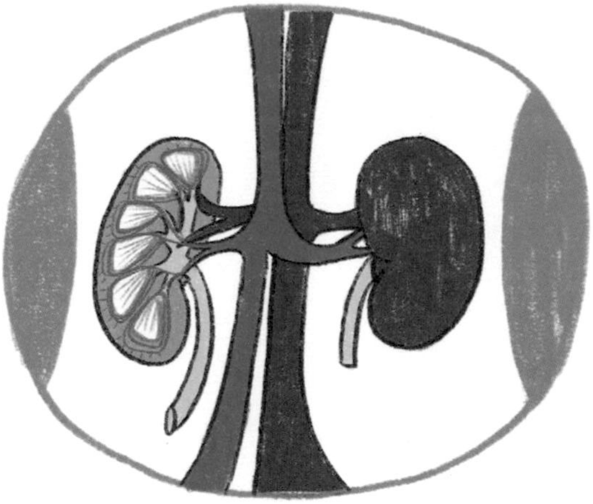

紅色是動脈，藍色是靜脈，從動脈來的血進入腎臟過濾之後，由靜脈離開腎臟，回到身體循環中。

再更仔細看看貓的腎臟，在腎臟靠近表面的部分，稱為皮質層，這裡聚集腎臟主要負責過濾血液的工作單位——腎絲球體。由動脈來的血進入腎臟後再分支成微小的血管，這些支流來到腎絲球體，在此進行真正的過濾工作。

動脈血液在絲球體將不要的垃圾丟到腎小管中，保留需要的物質在血管裡帶回。像是我們每天到垃圾場丟棄製造的垃圾一樣，那些經過純化與校正的血液再由靜脈送回血液循環中，而被濾出的廢物與多餘的水分，則和血液道別，進到腎小管、集尿管，接著進入腎臟中心地帶的髓質部，一個漏斗狀結構——腎盂，逐漸形成尿液。

尿液在腎盂集中處理，最後從輸尿管流到膀胱。蒐集一定的尿量後，尿液離開身體，降落在乾淨的砂盆裡。

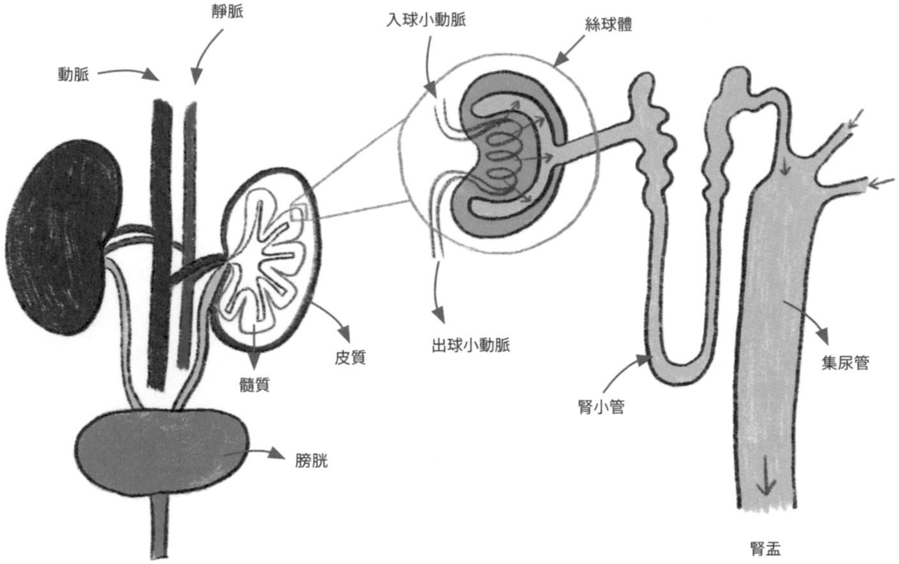

紅色是動脈，藍色是靜脈，動脈血進入腎臟後分支成小血管，進入絲球體將廢物過濾掉，保留需要的物質在血管內，經過純化與校正過的血液再由靜脈送回體循環中，而濾出的廢物進入腎小管（黃色）流向腎盂，形成尿液。

當我們一派輕鬆的說明腎的過濾功能時，可別以為腎臟功能的全貌就僅只是「過濾」。事實上，在腎臟運轉的過程中，有多重因素影響著腎臟機能，例如血壓高低、心臟推送血液的效率好不好、血中成分的變化，以及內分泌等等，因為各種因素影響著腎臟接收的血液量，當腎臟察覺自己接收的血量不足時（代表它可以過濾的血變少，導致過濾效能變差），就會緊張的主動分泌激素控制血壓，也就是說，腎臟具備調控血壓的能力；又如果，當腎臟察覺送入腎臟血液中的氧氣濃度不夠，也會分泌造血激素，呼籲身體造血組織活絡起來，趕緊促進紅血球生成，讓身體擁有更多血球去運送更多氧氣，所以我們知道腎臟有促進造血的能力。

在腎臟過濾的過程中，除了濾出不想要的東西，也會主動或被動的將需要的物質再吸收回來，為的是調控身體酸鹼、離子、滲透壓等等細微而重要的體內恆定，這些維持恆定的過程牽涉層面相當深遠，於是我決定將腎功能整理在左側表格中供大家查閱。

請記得，為了維持體內平衡，腎臟付出極大的努力，就像一顆精密的儀器，裡頭細微的螺絲必須上緊發條才能穩定運轉，所以當我面對腎臟疾病或溫習腎臟生理機能的時候，總會不自覺陷入腎臟學博大而精深的領域中，久久不能自拔。

正常狀態的腎臟功能

過濾功能（血液淨化）	排出身體代謝產生的廢物
	排泄藥物、毒素
	調控酸鹼、電解質
調整身體水含量	排出過多水分，當水不足時會保留水分
內分泌功能	促進造血
	控制血壓

1-3 當腎臟陷入困境

每三隻老貓當中就有一隻貓有腎病*。

腎臟長期在身體裡認份工作著，可惜能力越大，責任越大，所以出問題的時候，受到的傷害也越大。我在我的另一本著作《熟齡貓的營養學》**中，曾經整理過國內外高齡貓咪死亡相關原因的統計結果，得到一個令人訝異的結論：腎臟疾病一直是貓咪常見死因排行榜上的前三名。

為什麼貓會這麼容易發生腎臟病呢？在 1-2 我們提到，腎臟接收來自心臟 20～25% 的血液，意指將近四分之一的血會流到腎臟，這句話同時表示，血液的變化對腎臟影響很大，也是為什麼全身血液的各種問題，都會給腎臟造成困擾。

被身體其他危機波及

常見的危機，像是貓的心臟病導致心臟輸出血量不足、慢性高血壓、缺氧、甲狀腺機能亢進、糖尿病與其他內分泌問題、中暑和

*Lulich, J. P., Osborne, C. A., O'brien, T. D., & Polzin, D. J. (1992). Feline renal failure: questions, answers, questions. The Compendium on continuing education for the practicing veterinarian (USA).

**《熟齡貓的營養學：365 天的完善飲食計畫、常備餐點與疾病營養知識，讓你和親愛的貓咪一起健康生活、優雅老去》

脫水、燒燙傷、酸鹼與電解質濃度異常、其餘器官嚴重發炎產生的發炎物質經由血液流入腎臟，只要會流轉在血液中影響到全身的問題，腎臟都難以脫身。別忘了，流到腎臟的血流就佔全部血液的 20 ～ 25％。

化學成分只要被吸收進血液中，就可能對腎臟造成致命性傷害。貓咪誤食過量毒素，不論是來自食物、植物、藥品或居家用品，有意還是無意間接觸到的、吸入的、吃下的，只要能吸收，肝臟無法代謝的毒素也都會流到腎臟。

畢竟，身體還是盼望這些進入血中的物質可以由腎臟排泄出去，如果外來化學物質不多，腎臟可能還能承受，順利完成排泄工作，但當毒素過多，一時間大規模的衝擊終將摧毀腎臟。

除此之外，像是細菌、病毒也會入侵貓咪身體，當感染層面擴大，不論是從身體何處感染，透過血液都可能流到腎臟，造成腎臟發炎。如果貓咪心臟病併發血栓，也有可能堵在進入腎臟的動脈中，小血栓在小血管中緊緊塞著，結果導致腎臟組織梗塞、缺氧、壞死。

發生在腎臟本身的異常

有時腎臟長了腫瘤，破壞了原本正常的結構，也會影響到腎臟過濾及內分泌功能。常見長在貓腎臟的腫瘤類型是淋巴癌；有時，特定品種貓也會潛藏著先天性腎臟病變，在長毛品種有波斯、喜瑪拉雅貓，短毛品種有美國短毛貓；偶爾也會在折耳貓、加菲貓身上發現多囊腎、類澱粉沉著症等原發性腎病。

來自腎臟之後的傷害

腎臟排出尿液的路徑如果堵住，尿流不出去，就會堆積在泌尿道，最終淤積在腎臟中，尿中的毒素累積在身體內，便會造成腎臟細胞損傷。常見的原因像是泌尿道中有結石，或者長了腫瘤，以及貓下泌尿道症候群導致排尿困難。其他來自腎臟之後的問題還有細菌從尿道、膀胱、輸尿管一路往上感染，傷害到腎。

其實，說穿了，造成腎臟病的原因實在太多太多了。大部分的慢性腎病貓，在確診腎病時，由於問題已默默發生了一段時期，許多主人幾乎很難回想起可能的原因，除非突然的事件造成急性腎臟損傷，這些病患才能成功被揪出導致腎病的元兇。

來勢洶洶的急性腎病，在初期有機會能透過完整檢查發現感染、結石、腫瘤等關鍵性問題。如果能找到特定原因，那都是非常幸運的，因為常常引起貓咪腎病的原因不只一個，是同時許多因素交織而成的結果，醫師與病患要面對的挑戰、控制腎病的複雜度也會升高。

腎臟出問題的症狀

貓咪是很習慣隱藏身體疾病的動物，有時候即使腎臟功能變差，貓咪的表現卻只是精神、食慾不太好，如此細微的變化常常讓家人無法察覺，造成病情延誤。

嚴重一點的貓，會因為腎臟排泄功能變差，讓血中尿素氮（血檢報告中的 BUN，是正常身體代謝蛋白質後產生的廢物，由腎臟負責排出體外）累積在身體裡，症狀從初期食慾不好，演變成出現作嘔、噁心的表現。體內過多的 BUN 也會傷害貓咪口腔黏膜和胃腸道粘膜，在胃腸的潰瘍我們無法直接用肉眼看到，但是黏膜潰瘍出血的狀況會呈現在糞便和嘔吐物中，這些貓會開始嘔吐、拉出稀稀糊糊的糞便，出血嚴重時可在嘔吐物或糞便中觀察到血色；

口腔潰瘍嚴重的話，肉眼就能清楚觀察到像火山口一樣的病灶。

這時候，貓咪多半會有嘴巴很痛、不願意張口進食的反應。BUN 高的貓有時可從口鼻中聞到一股尿臭味，許多主人會以為是牙周病惡化。

慢慢的，因為腎病造成的噁心感，讓貓長期食慾不好、慢性營養不良的後果，使得體重越來越輕，肌肉越來越瘦弱，加上腎臟本來可以分泌的造血激素，因為腎功能變差的關係，也不怎麼分泌了，讓貓的紅血球製造速度變慢，而紅血球變少的症狀就稱為貧血。

貧血嚴重的時候，翻開貓的嘴巴和眼皮看一看，你會發現貓的牙齦、眼眶的黏膜顏色是慘白的。綜合這些問題，貓咪越來越虛弱，有的貓走路會不穩、無力，有的貓乾脆不怎麼動了，就趴在那，不吃不喝的。

脫水的狀況會越來越嚴重，因為腎臟功能變差，濃縮尿液能力越來越糟，貓咪的尿越來越接近水的濃度，不管喝多少水，腎臟都沒辦法將水分保留在身體裡，只能無力看著水分一點一滴流逝。

這時，貓開始會主動的、大量的喝水。很多人會說，感覺貓咪飲水量變得明顯比以前還要多，這樣是不是就夠了呢？不，因為貓喝水量再多，也不一定能追上水流失的速度，既喝多也尿多，腎臟留不住水，許多人必須開始學習幫貓打點滴，否則他們的身體大多時候還是脫水的；而越是脫水，腎臟排泄能力就越差，毒素在身體累積越多，其他器官的併發症也越快發生。

腎病貓可能出現的症狀整理

- 初期可能一點症狀都觀察不到
- 食慾不好、活力不好、精神變差
- 噁心、作嘔、腹瀉
- 嘴巴痛、嘴巴有尿臭味
- 吐血、血便、血尿
- 黏膜蒼白（貧血）
- 體重減輕
- 多尿、頻尿
- 水喝得比從前多

1-4 參加腎病的田野調查

貓不會說話，或者說是我們聽不懂他說的話，他不會直接告訴家長今天哪裡不舒服，多數時候家長與醫生都是一樣一頭霧水。但醫生必須要了解病人，總得想個辦法調查清楚。

貓咪腎病是動物醫院每天都在面對的沉默敵人，除非主人有按時幫貓安排健康檢查，透過年度血檢、尿檢，做SDMA篩檢，比對每次檢查結果數字的走向，才能慢慢觀察貓咪身體的變化趨勢，及早調整日常照護方式。否則，許多貓在發現腎病症狀而來到醫院時，大多是為時已晚，腎功能已經大幅衰退一段時間了。為了告訴大家正確且完整檢查的重要，以下我想稍加介紹動物醫院了解貓咪身體狀況的方式：

主要的檢查

病史和理學檢查

請詳細告訴醫生，平常貓咪的生活狀況，就算只有吃喝拉撒等家常閒聊，沒有什麼指標性的變化，都是很重要的觀察，當然如果能附上過去幾年定期檢查的報告，或是預防針、體內和體外寄生蟲預防紀錄那就更完美了，可以大大幫助醫生釐清、排除許多病毒或寄生蟲感染的問題，有效縮小可能疾病的範圍。

也因為病史不一定有指標性的變化，醫生多半還會在門診中加入自己現場的觀察，這就是理學檢查：透過視診、聽診、觸診、量體溫、量血壓等等基本功夫來找潛藏的問題。我常一邊聽主人的敘述，一邊端詳貓咪神色，評估他的精神、皮毛、顏面，接著聽診了解心肺概況後，輕輕提起貓咪後頸和背部的皮，摸看看貓的口腔，順便觀察黏膜顏色、溼潤度，觀察貓咪眼眶是否凹陷，這些動作有助於我估計貓脫水的程度，接著深深的按壓腹腔，感受肚子裡臟器的質地、形狀。門診中做的基礎檢查，將告訴我許多訊息，幫助我定調貓咪可能面臨的問題，並思考接下來要運用哪些儀器進一步確認。

血液檢查

在門診初步了解貓的狀況後，如有必要，醫生會為你的貓安排更直接有效的檢查，也就是抽個血，看血液中微小而重要的變化。我常看到這些就診的貓咪皮膚乾巴巴，輕拉後頸、背部皮膚，皮還會立在那兒，一點回彈性也沒有，馬上驗血了解狀況，果然還是腎臟出了問題，此時貓的腎功能大多所剩無幾了。

血檢中與腎病有關的指標：

紅血球相關：紅血球數量、血紅素量、血紅素濃度、紅血球大小、網狀紅血球數量

當貓已罹患慢性腎病一段時間，造血激素分泌的狀況大不如前，必須監控貓咪是否貧血，血紅素濃度是否正常。

如果有貧血，現在體內是否有新生成的網狀紅血球釋放到血液中？如果貓咪貧血，身體組織會慢性缺氧，一旦察覺這個狀況，嚴重的必須輸血，中度貧血症狀的貓咪必須打造血針並補充造血需要的元素（鐵、維生素B6、B12、鋅、鎂等）

白血球相關：各種類型的白血球數量

白血球增加或減少，與特定的感染、各種程度的發炎或特定腫瘤有關。

血清生化檢查：BUN（血中尿素氮）、CREA或CRSC（肌酸酐）、Phosphorus（血磷）、SDMA（對稱二甲基精胺酸）

這四項是最少必須檢查的腎指數項目，用來評估腎臟過濾功能。但我強烈建議各位家長，在第一次發現貓咪狀況改變時，應該按照醫生的建議，選擇更全面性的血液生化檢查套組，當中至少包含：血糖、白蛋白、總蛋白、肝膽指數、血鈣以及胰臟酵素，因為貓咪很可能同時間正在逞強的隱忍著其他疾病，像是常見的糖尿病、肝炎、胰臟炎或蛋白質流失性腎病等。

BUN（血中尿素氮）和Creatinine（簡寫CREA或CRSC，肌酸酐）、血中磷離子濃度、SDMA這四種物質，正常狀況下在血液中維持著正常的濃度，只要過多，腎臟就會將它們排出，因此與腎臟過濾功能息息相關。當腎臟過濾功能變差，這四種物質會累積在血中。

腎指數四個項目各有評估的優勢，通常需要一起解讀。像BUN是吃了蛋白質後肝臟分解利用後的含氮廢物，如果蛋白質吃得少，那產生的廢物當然會少，這時候看著BUN正常，就武斷認為腎臟功能良好，會低估了疾病。反之，如果剛進食、吃的蛋白質多或身體有其他問題，也會造成BUN指數上升，但卻不一定跟腎病有關。

CREA（肌酸酐）是肌肉每天運動代謝出的產物，因為來自於肌肉，身體肌肉量較多的貓（貓界的健美先生或小姐），肌酸酐也會比肌肉瘦弱的貓高。

要注意的是，許多長期慢性腎病的貓咪因為食慾不好、長期營養不良的結果，肌肉會變得薄弱，這時的CREA如果是正常，也要保持懷疑的態度，必須綜合評估其他指數。不過CREA並不受腎臟重吸收的影響，而大部分貓的CREA每日產量都維持得很穩定，所以CREA準確度大致比BUN高*。

血中的磷也是一個透過腎臟過濾排出的物質，由於肉食動物的食物中含有大量的磷，當腎臟過濾功能變差時，磷會累積在血液中，檢查時可以發現血磷濃度上升。目前研究指出，不論是 BUN 或血磷濃度高於正常，都會造成腎病進一步惡化。控制慢性腎病過程中，這兩個指數如果能維持好，可以大幅減緩腎病惡化速度。

SDMA 相較於前面提到的三種指數，是更能精確、提早發現腎功能出問題的重要指標，是一種身體所有細胞都會分泌的蛋白質，因此 SDMA 不受飲食狀況、不受動物肌肉量影響，在體內維持著穩定的濃度。

IRIS*（國際腎病關注組織）在 2015 年將 SDMA 加入貓腎病分期指南中作為早期判斷的工具，而台灣自 2018 年引進 SDMA 檢查之後，許多醫院開始將 SDMA 列為貓咪年度健康檢查的必備重點項目，因為可以搶在 CREA 上升之前，就提早發現腎臟問題，相當令人振奮。

因為腎臟工作能力很好，好到即使有一半的腎臟受傷害而損壞，剩下一半的腎臟也還是能盡責製造尿液，將毒素排出。腎臟的努力造成一個後果，即是我們很難找到一種物質，可以在腎病初期就立刻大量累積在血中被偵測。所

*IRIS：International Renal Interest Society

以，當發現 CREA 上升時，腎的過濾功能早已嚴重崩潰了，腎功能至少要損毀 75% 才能看到 CREA 在體內累積 **，也就是說，這時才開始搶救腎臟，最多也只能保住 25% 的功能單位而已。

科技的進步，造福幸運的現代家貓，在 SDMA 問世後（2018 年 6 月引進台灣），人們偵測貓咪腎功能的能力大幅提昇，當腎臟過濾功能下降 25% 時 **，SDMA 就會開始上升，因為這一項比 CREA 更加敏感的 SDMA 檢測問世，我們終於能更早期鑑定貓咪罹患腎病，獸醫終於能更快搶到機會，治療更多存活的腎臟組織！

血中電解質：Na、K、Cl 與酸鹼度

別忘了，腎臟過濾物質也涵蓋了鈉、鉀、氯離子，以及血液酸鹼度的平衡，若腎臟出問題，電解質也會受波及，這些項目也要一併調查，出現異常時就要積極校正，將酸鹼與電解質盡快拉回正常狀態。

* Carrie A Palm. Blood Urea Nitrogen and Creatinine. 2016. Stephen J Ettinger, Edward C Feldman, Etienne Cote Eds In: Textbook of Veterinary Internal Medicine 8th ed: p.779.

** Meuten, D. (2012). Laboratory evaluation and interpretation of the urinary system. MA Thrall, G. Weiser, RW Allison & TW Campbell, Veterinary Hematology and Clinical Chemistry, 323-368.

尿液檢查

尿液是我們最關心的腎臟製造出的產品，想了解腎臟也必須調查貓的尿液。收集貓咪尿液交給醫生，或是請醫生幫忙穿刺膀胱採集尿，可以了解貓咪尿液品質的變化，像是尿中有沒有異常的物質（尿糖、酮體、血尿、異常尿蛋白等）、尿的濃度是不是正常？測量尿的濃度也能了解腎臟濃縮功能；當腎損傷時可能出現蛋白質流失到尿中，可以做蛋白質定量檢驗（UPC尿蛋白定量檢驗）；如果懷疑泌尿道感染，也必須將貓咪的尿液送到細菌實驗室檢查，分析尿中到底是什麼細菌感染，才知道用哪種抗生素有效。

腹腔X光

拍張X光可以大致勾勒出各個器官目前的輪廓，了解貓咪腹腔的狀況，看看腎臟的大小是不是正常？腎臟的形狀是不是正常？腎臟、膀胱、輸尿管和尿道裡面有沒有大到可以拍出來的明顯結石？有沒有其他腹腔臟器的問題有可能影響到腎？從外觀看不出來的問題，必須利用影像工具做個檢查。

腹腔超音波

並非所有結石都能被X光照出來，還有腎臟、膀胱內部的結構、小的腫瘤、很小的阻塞或局部擴張，因為太細微，X光通常看不出來，保險起見，需要使用超音波仔細探查。很多時候X光看起來沒太大問題，但其實腎有小囊泡，或是膀胱內有些細碎的結晶、尿砂、血塊或泌尿系統內壁上疑似長了小腫瘤，這些問題如果錯過了，可能拖一段時間腎功能就快速惡化了。

其他檢查

反覆量血壓、眼底鏡檢查

雖說一般理學檢查中應該就量過血壓，可是發現一次性的高血壓，並不表示貓咪血壓就是真的有問題，畢竟貓來到醫院通常很緊張，血壓必須多做幾次測量，或搭配眼底鏡檢查，看看有沒有因為長期高血壓造成眼睛內血管病變，才會比較準確。

血壓檢查對罹患腎病的貓來說非常重要，因為腎病可能是因為高血壓引起，而高血壓也可能是因腎病而起，慢性腎病貓常會併發腎性高血壓，而高血壓又會加劇腎病，又或者貓咪高血壓的背後隱藏著心臟病。總之，不論是腎病貓或一般貓都必須維持好的血壓。既然好不容易帶貓到醫院了，就把握機會每次都幫貓量個血壓，建立一段時間的血壓觀察基準值，可以預防很多問題。

胸腔X光、心臟超音波

因為腎臟病可能是來自身體其他地方的問題，像是心臟病、腫瘤等等，所以心臟超音波、胸腔X光檢查有時也會列入醫生的調查清單中。

內分泌檢查

內分泌檢查通常不會是例行血液檢查的項目，就像人也不會例行檢驗甲狀腺素或腎上腺素一樣。但某些內分泌疾病在貓咪身上發生的機率比人類高，許多貓年紀大了以後，開始出現甲狀腺或其他內分泌異常，會影響到身體的血壓、尿量、代謝狀況、免疫力，心臟功能或凝血功能也會變差，想要完美控制腎病，內分泌必須控制好。

對疑似腎病貓進行徹底調查

病史與理學檢查	詳細敘述貓咪的改變，一起和醫生透過基本理學檢查大致了解貓咪
血液檢查	血球分析、血液生化（腎指數與其他相關指數）、電解質
尿液檢查 和尿液細菌培養	尿比重、尿蛋白、其他尿中物質檢測
腹腔 X 光檢查	篩檢是否有重大泌尿系統問題或其他腹腔怪異狀況
腹腔超音波檢查	微小的異常，必須使用超音波仔細掃描
其他檢查	心臟超音波、胸腔 X 光、眼底鏡、內分泌檢驗、傳染病篩檢

傳染病檢查

如果貓同時有感染傳染病的可能，都有必要一起治療，例如心絲蟲、弓蟲、血巴東蟲、鉤端螺旋體、FIP（貓傳染性腹膜炎）、FIV（貓愛滋）、貓白血病等。

1-5 幫腎臟病分期吧！

徹底調查你的貓之後，我們可以歸納貓咪的狀況，依照檢查結果幫貓咪的腎病等級分期。首先，先搞清楚貓咪現在是處在急性期，還是慢性期？

急性期病名：急性腎損傷 Acute Kidney Injury

也就是腎臟急性的受傷，是一種腎功能在短時間快速崩壞的惡劣情況。在 1-3 我們說過了各種原因，如果在短時間內急遽的、大範圍的影響腎臟，就像掐住腎臟的喉嚨一樣，會造成致命性的破壞。急性腎損傷就像一場毀滅性的大地震，腎小管上皮細胞因為受到嚴重傷害而死亡，細胞的屍體大片大片的剝落到腎小管管腔中，這些屍體毫不留情的阻擋了尿液排出的通道。

當一條條通道紛紛被堵住以後，腎臟的排尿功能瞬間終止，貓咪腎臟產生的尿越來越少。每公斤體重每小時製造尿液少於 1c.c. 稱為「寡尿症」，也就是說，一隻 4 公斤的貓過了四小時沒有排出

16c.c. 的尿就是寡尿症，如果六小時內完全沒有尿產生，稱為「無尿症狀」，這是很嚴重的狀況！

所有腎臟必須排出的物質：尿毒素、鉀離子、磷離子因為寡尿或無尿而完全堆積在身體裡，所有腎臟相關指數此時會瞬間飆到天際，像極了被緊緊掐住喉嚨，很快將迎接死亡。急性腎損傷通常是危機出現後幾小時至幾天內就會導致貓死亡的嚴重事件。

IRIS 將急性腎病貓的病程分成五級，會根據貓的基本腎臟指數：BUN 和 CREA 去判斷貓咪目前的狀況屬於哪一級。當 BUN 正常，CREA 也正常（≤1.6mg/dL），卻發現 CREA 在 48 小時內上升 0.3mg/dL 以上，這表示貓咪正處在 IRIS 急性腎損傷等級一。

當貓出現氮血症（BUN 異常上升），CREA 落在 1.7～2.5 mg/dL 範圍，且 CREA 同樣在 48 小時內上升 0.3mg/dL 以上，表示貓目前處於 IRIS 急性腎損傷等級二。而第三～第四級的急性腎損傷，則分別代表更嚴重的血檢腎臟指數。可想而知，等級越高，腎臟受損越嚴重，對貓咪健康越不利，面對的困境越難處理。

一旦貓咪面臨急性腎損傷的災難，搶救貓的生命就必須跟時間

腎臟衰亡的過程

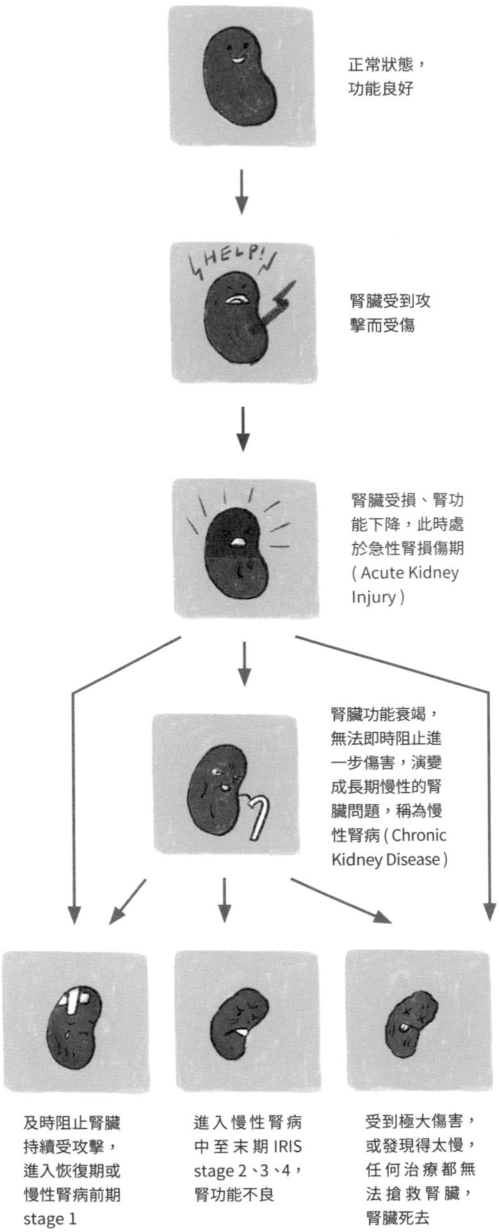
HELP!
正常狀態，功能良好
腎臟受到攻擊而受傷
腎臟受損、腎功能下降，此時處於急性腎損傷期（Acute Kidney Injury）
腎臟功能衰竭，無法即時阻止進一步傷害，演變成長期慢性的腎臟問題，稱為慢性腎病（Chronic Kidney Disease）
及時阻止腎臟持續受攻擊，進入恢復期或慢性腎病前期 stage 1
進入慢性腎病中至末期 IRIS stage 2、3、4，腎功能不良
受到極大傷害，或發現得太慢，任何治療都無法搶救腎臟，腎臟死去

賽跑，如果能把握急性期的前期，立即以最高效率積極治療——洗腎，降低血中累積的尿毒並果斷抓出造成這次危機的兇手，移除造成急性腎損傷的原因，貓就有機會從鬼門關前回到我們身邊。

有的貓終究是來不及搶救，最嚴重的後果就是死亡。有的貓腎功能多少被救回來一些，從急性期拉回，步入慢性腎病期，不會短時間致命，此時便能回家照護，開始拉長戰線跟貓並肩作戰。

有些貓非常幸運，可能腎損傷的範圍不大，或者發現得夠早，腎指數在經過積極治療後，穩定病況 1～3 個月，能脫離急性腎損傷的階段轉為慢性腎病 CKD 中期或後期（第 2～4 期）；有的貓甚至幸運恢復到完全正常的腎指數。但此時仍不能掉以輕心，因為就算檢查出的數字完全正常，可能也只是因為檢測的腎指數項目不夠敏感而已。前面說過，目前最敏銳的 SDMA 檢測是腎臟功能損傷 25% 才會顯示異常，所以 25% 以下的腎臟工作單位停止工作，指數看起來也一樣美好。也就是說，只要發生過急性腎損傷的貓，都是慢性腎病的高危險族群，必須有計劃的定期回診追蹤腎臟狀況，因為他們隨時都可能忽然掉進慢性腎病第一期的深淵。

慢性期病名：慢性腎病
Chronic Kidney Disease，簡稱 CKD

慢性腎病顧名思義就是一個緩慢的進程，不像急性腎損傷在幾小時或幾天之內猛暴性的造成毀滅；急性腎損傷像是突如其來的暴雨，而慢性腎病通常指數變化緩慢，像是長時間的豪雨，慢慢釀成災難，所以三天內腎指數不會有驟升的劇變。慢性腎病定義是持續三個月以上腎功能不佳，但又不造成立即性全面崩壞的狀況。

IRIS（國際腎病關注組織）將慢性腎 CKD 分成四個時期，以此分期分類貓的病況、訂定治療計畫、追蹤計畫以及評估未來生活的藍圖。

IRIS 慢性腎病分期	第一期	第二期	第三期	第四期
SDMA	> 14	> 14	≥25	≥45
Creatinine（mg/dL）	< 1.6	1.6~2.8	2.9~5.0	>5.0
UPC（尿蛋白）	< 0.2：正常，不必擔心 0.2~0.4：模糊地帶，需持續追蹤 >0.4：斷定為蛋白尿，必須治療			
血壓（收縮壓）mmHg	<150：正常，不必擔心 150~159：模糊地帶，需持續追蹤 160~179：有高血壓，開始治療 ≥180：嚴重高血壓，務必治療，放著不管會出大問題			

註：IRIS = International Renal Interest Society 國際腎病關注組織
IRIS 網站：http://iris-kidney.com

隨著機能逐漸衰退，腎臟的過濾功能變得越來越差，腎臟相關指數（主要偵測腎臟過濾這些物質的功能）在每個時期也逐漸升高。慢性腎病分級主要依據SDMA和CREA的數值區分，而其他檢驗尿液品質、血壓等結果，則可作為預期貓咪未來可能面臨狀況的指標。

許多貓咪因為罹患慢性腎病，在腎功能低落的局勢下，為了通透更多有害物質出去，腎臟主動喚醒血管加壓的機能，希望提升腎絲球體濾過率，結果，間接造成慢性腎病貓高血壓的問題，這是身體不得已因應腎臟功能變差而作的選擇。不過，長期高血壓終究不是好事，體內血管被迫持續性高壓，對身體其他器官終將造成破壞。

請想像高壓的血流，湧向身體各大重要器官，其中像是脆弱的眼睛，要是眼底的視網膜微血管長期高壓，造成血管屈張，慢慢的，視網膜承受不了過高的壓力，開始出現視網膜病變，有一天貓會因為腎因性高血壓而失明；大腦的微血管持續高壓，長期下來對於腦神經是嚴重的傷害，那些沒有被注意到高血壓的貓，行動將逐漸遲緩，有些還會併發更嚴重的中風、癲癇症狀。

另外，長期血管高壓，也會增加心臟把血液打出去的阻力，逐漸的，長期周邊血管高血壓迫使左心室肌肉只好肥厚起來，為的是用更大的力氣來把血推出去，可是久而久之，硬撐著每天用盡全力的心臟也會衰竭，這都是高血壓造成不可恢復的傷害。更別說，一直高血壓對腎臟自己同樣會造成壓力，結果，因腎臟而起的高壓，又將會回過頭來迫害腎臟，加速貓咪腎臟衰亡。

所以，腎病貓的身體監控，除了腎指數，也要記得追蹤尿液品質和血壓，若控制得好，併發症也少，對慢性腎病貓的未來影響很大。一旦發現血管壓力上升，就必須著手控制，以免腎臟還沒糟糕透頂，就先發生心臟病、腦神經病變、失明等狀況，而讓貓生活變得更痛苦。

貓 IRIS 慢性腎病分期與臨床症狀

	第一期	第二期	第三期	第四期
	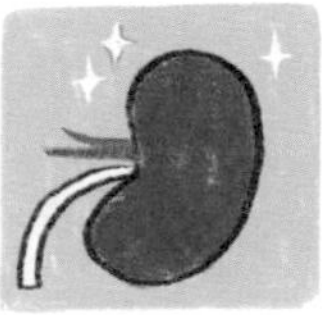	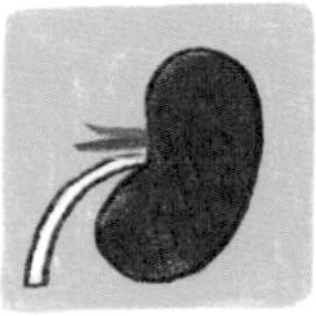	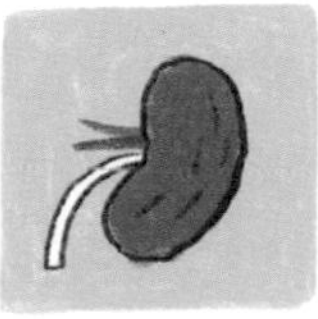	
腎功能狀態	腎功能喪失約 25%	腎功能喪失 75% 以上 ⟶	腎功能極差 ⟶	腎幾乎沒有功能
氮血症（BUN 高）	無氮血症	輕微氮血症	中度氮血症	嚴重氮血症
Creatinine（mg/dL）	1.6 以下	1.6~2.8	2.9~5.0	5.0 以上
SDMA(μg/dL)	14 以上	14 以上	≥25	≥45
臨床症狀	蛋白尿、高血壓、慢性貧血、高血磷、變瘦、食慾下降、脫水、肌少症、惡病質…  上揚的曲線，表示症狀越來越多			

*IRIS Staging of CKD
資料來源：IRIS 國際腎病關注組織網站 http://iris-kidney.com

1-6 貓咪腎病治療對策

基本上，在急性腎損傷期，你必須將貓全權交給醫生。相信你所選擇的醫生，和他一起努力，這個階段除了在醫院積極治療以外，沒有其他方法可以救貓。

處於急性期階段貓咪，腎臟是以每小時或每天的速度在崩壞，需在精準的時間點驗血，密切注意狀況，然後隨時依照貓咪變化調整點滴、調整用藥，接著在調整後幾個小時再次評估這樣的照顧是否有幫助？腎臟目前還有多少功能？是否還能產生尿液？是否需要立刻裝上透析管以搶救僅存的腎功能？

這個時期的腎臟正發生迅速而毀滅性的變化，必須積極檢查，並在短時間內下專業決策，否則只有死路一條。唯有貓咪安然度過急性腎損傷、急性腎衰竭的危機，居家照護才會成為一個選項。

貓咪腎病治療是case by case的，並非所有貓都適用同一套方式，必須看貓出現什麼症狀、嚴重程度、處於什麼階段，再做出判斷並著手治療。以下我將簡單說明貓咪罹患腎病後可能出現的症狀，及常見的治療方式。

脫水

腎病貓的尿液流失速度很快，同時因併發嘔吐噁心，導致貓不願意主動喝到足夠水分，加重脫水狀況，比起在家中餵水，積極治療脫水的方式是留在醫院內打點滴，透過皮下或從靜脈血管輸液的方式，精準將水分送到貓咪體內，而點滴同時具備校正電解質、酸鹼度的功能。

此外，點滴灌注的速度也需要注意。有些貓就算再脫水也不能讓點滴打太快，只能慢慢補充，例如患有心臟病的貓，如果突然接收大量水分，很可能會產生胸腔內積水，造成像溺水一般呼吸困難的狀況。所以，在打點滴前，心臟功能狀況最好一起評估，家人若已經知道貓有心臟病，或懷疑貓有心臟病（運動不耐、容易喘、張口呼吸），請一定要告訴醫生。

氮血症

BUN（血中尿素氮）是蛋白質代謝後的產物，必須每天透過腎臟排出，當腎過濾功能變差時會開始累積在體內。血中累積 BUN 太多，就稱為氮血症，非常嚴重的氮血症會演變成尿毒症，尿毒素在全身血液流竄，會傷害每個器官，也會傷害腎臟，增加治療困難度。

初期氮血症可透過點滴輸液、飲食調整或益生菌來控制；若發現太晚，進入嚴重的尿毒症時期，可能就必須選擇洗腎、腹膜透析等更有效的方式，盡快降低血中毒素濃度來保命。

高血磷

貓天然的食物中含有不少的磷，吸收進入身體的磷必須維持一定濃度，過多的磷透過腎臟排出。如果長期血中磷濃度高，副甲狀腺素（負責降低血磷，並把骨質中的鈣提領到血液中的一種內分泌）就會被迫努力工作，也就是因腎功能不良引起的「繼發性副甲狀腺機能亢進」。

長期高血磷會直接造成腎臟傷害，更不利於腎病貓的腎臟健康，讓腎臟衰竭得更快。驗血發現貓有高血磷，就必須採取低磷飲食策略，但因為貓的食物中肉的分量一定要多，肉又是富含磷的食材，無論再怎麼挑選低磷含量的部位，食物中還是免不了有磷。

腎處方食物會盡量控制磷佔0.5%乾物重比例*以下，在高血磷症狀嚴重的時候，醫生會開「降磷藥」，這是一種磷離子結合劑，可以吸附食物中的磷，形成不被吸收的形態，跟食物一起服用後，吃再多磷也不容易被吸收進入身體，對於血磷控制來說相當有幫助。

高血鉀或低血鉀

鉀是貓或人類每天飲食中必需的礦物質，吸收進入身體的鉀離子和磷一樣需透過腎臟排出，以維持身體血鉀濃度的平衡。

鉀太高或太低，對身體最嚴重的威脅在於：鉀是協調肌肉收縮的重要物質，如果無法協助肌肉收縮，會怎樣呢？身體有一處的肌肉組織每分每秒都必須維持規律的收縮，那就是心臟，一旦鉀離子處於不平衡狀態，心肌的收縮也

* 乾物重比例（Dry matter basis analysis），將食物中的水分去除掉後才分析的營養素百分比。

會出問題，這時我們會偵測到心電圖的異常，從心律不整到後來心跳停止都有可能發生，所以鉀不平衡所引發的後果不堪設想。

其他鉀不平衡可以觀察到的異常，還有肌肉無力、貓咪頭低低的抬不起來、抽搐、呼吸困難、食慾不振等。

和磷一樣，血鉀也是透過腎臟排出，當腎過濾能力變差時，鉀就會大量累積在體內，造成高血鉀，這時貓咪就有生命危險了！立即降血鉀的方式是透過給利尿劑逼迫腎臟努力過濾製造尿液、給胰島素（同時要監控血糖）、打特定的點滴或洗腎、腹膜透析等方式積極降鉀。

高血鉀是麻煩而難治療的，且對於心肌的影響很快就會發生，降不下的高血鉀數小時內就可能致命。有些貓因為長期打點滴，加上食慾不好的關係，在慢性腎病居家照護過程中出現低血鉀的狀況，治療方式就是進行鉀的補充，透過點滴、飲食添加鉀或口服鉀的營養補充劑來調整。

酸鹼不平衡

身體的酸鹼必須維持恆定，正常狀況下腎臟（排尿）和肺（呼吸）時時刻刻都守護著身體的酸鹼值，不會有絲毫偏差，但在腎功能變糟之後，腎臟平衡酸鹼的功能下降而出現酸鹼不平衡的狀態。

此症狀主要會透過點滴、洗腎透析、飲食調整進行酸鹼校正，如果有其他症狀，像是劇烈嘔吐、腹瀉等問題在影響身體酸鹼值，也須一起治療。

高血壓

很多貓進醫院都會緊張到高血壓，我建議主人可以在家準備貓咪專用血壓機，幫貓量血壓會更準確。

當腎病繼發貓咪高血壓後，貓必須開始按時吃降血壓藥來保持血壓穩定，吃完血壓藥後也須回診追蹤，看目前劑量跟用藥有沒有達到適當療效，並檢查是否有其他問題造成的高血壓，一起治療這些原因。不然傻傻一直吃藥，血壓卻還是很高，那樣根本沒效。

日常飲食中，調整鈉含量也值得一試，不過因為腎病而引起的高血壓，光用飲食調整通常是不夠的，乖乖看醫生服藥才能真正幫助貓咪。

貧血

慢性腎病貓很容易因為腎臟分泌造血激素的功能變差，而出現「非再生性貧血」的現象。中度貧血時，醫生會安排貓咪施打造血針，打造血針就是在補充造血激素，雖然貓咪腎臟失去分泌造血激素的功能，但是藉由打針供應身體造血激素，同樣能刺激貓的造血器官開始生產紅血球。

目前台灣動物醫院常見使用的造血針有兩種，EPO（Erythropoietin，商品名是 Epogen®, Procrit®）和 DPO（darbepoetin alfa，商品名是 Aranesp®），這兩種造血激素中比較起來，DPO 在貓產生抗性的機率較低，只需要一週施打一次就能產生很好的效果。

嚴重貧血至貓紅血球濃度（血檢報告上 PCV 或 HCT）小於 12% 時，因為貧血狀況嚴重很快將導致死亡。這時候，沒辦法再悠閒的打個造血針，慢慢等身體製造血球了！醫院會發出建議輸血的通知，不論是透過貓咪血庫取得配對成功的血液，或者徵求相同血型、體重大於五公斤的貓勇士前來捐血，總之只能盡可能拿到一袋新鮮血液，趕緊讓貓身體恢復該有的血液量，才能保住小命。

有慢性貧血的貓咪，平時要多留意其精神狀況、黏膜顏色；治療貓貧血時，最好同時補充身體造血所需的元素（鐵、鎂、維生素B6、B12等），醫院通常會在施打造血針或輸血時，提供對應的造血營養品，請務必按時讓貓服下。

噁心、嘔吐、食慾不振

當腎病貓的病程中出現消化道潰瘍或其他器官的併發症，血中高濃度的尿素氮、離子的不平衡等因素，都會讓貓覺得渾身不舒服、提不起勁吃飯，有的貓咪會感覺噁心、反胃，出現作嘔的樣子。

治療貓咪食慾不振的方法，就是一定要找到原因，優先解決讓貓不舒服的根本問題。例如：設法降低超標的BUN、用合適的點滴校正血中酸鹼值或不平衡的電解質、嘴巴痛的貓除了給止痛藥，也必須考慮是否暫時不要讓貓用嘴巴吃飯，使用避開嘴巴的路徑餵貓咪（必要時裝食道餵管、鼻餵管，請翻閱本書P.166）；借助藥物幫忙改善貓咪噁心嘔吐的感覺，或是給一點食慾促進劑也很有幫助。

貓只要短短幾天不吃飯，身體就會出大問題（例如脂肪肝），當貓咪不吃的時候，請盡快與醫生討論治療方式。

拉肚子、血便、口腔潰瘍

腎臟毒素累積會影響到腸道健康，有的腎病貓會腹瀉；嚴重一點的貓消化道出現潰瘍會有血便、吐血的狀況；口腔粘膜潰瘍則會讓貓咪嘴巴痛，不願吃飯；過度腹瀉會加重貓咪脫水程度、血便會讓貧血狀況更加嚴重；口腔疼痛也會讓貓喪失進食意願。

這些問題必須用藥控制，使用止瀉藥、腸胃黏膜保護劑、止痛藥等，你的醫生會為貓咪想盡辦法處理這些困境。

控制好其他同時存在的疾病

如果貓同時有其他問題，可能是併發症，或是本來就存

診斷流程圖 +

列出貓咪的症狀，例如：
1. 嘴巴痛
2. 食慾不好
3. 貧血
4. 高血壓

▼

告訴醫生，討論可能原因或疾病並進行檢查。

▼

列出檢查結果，或最懷疑的狀況，選擇合適方式治療相關疾病，針對症狀處理。

迫切問題必須優先處理。 +

在的慢性病（心臟病、糖尿病等），也可能是因為身體狀況不適而同時爆發的，為了讓貓可以舒服一點，所有問題必需一併處理，絕不可放任不管。

Part 2

慢性腎病貓的鮮食廚房

如果貓仍在急性腎損傷時期，請將貓咪照護全權交給醫師，直到貓咪幸運的從急性期步入慢性腎病期後，家長才能接手居家照護的部分，在每個階段針對貓咪症狀同步進行飲食調整。

從貓慢性腎病分期的第二階段或真正出現蛋白尿時，建議開始使用處方食物，接下來，我將帶各位一步步了解腎貓的營養需求，希望幫助家長們未來真正在飲食上確實幫助到腎病貓。

2-1 守護腎病貓的身材與體重

熱量準則

供應貓咪一天所需的熱量，是飲食之基本必要。更深入的說，精準的供應貓咪所需的熱量，維持貓咪勻稱的體態，不讓貓過胖、也不過瘦，小心翼翼保持剛剛好的身形，才能有體力對抗腎病，知道怎麼餵貓恰好的熱量，是學習計算貓的每日熱量需求最終的目標，也是做飯給貓吃第一重要、大家務必要學習的知識。

幫貓量量腰圍吧——體態評估 BCS 與 MCS 指數

每隻貓的身材胖瘦、肌肉量多寡、活動量與腸胃消化吸收效率都不同，即使是同胎出生的兄弟姊妹，每天需要的熱量也不會相同；我們必須個別衡量貓咪的狀況，一隻隻考慮清楚，再規劃餵食分量，讓每隻貓都維持好身材。

要評估貓咪是胖是瘦，獸醫會用一個簡單的方法區分。很簡單的！看貓的身形輪廓，重點放在四個位置的骨骼稜線，接著摸摸看，一樣是挑重點位置觸摸，感受脂肪的厚度、肌肉的強弱，以及包藏在肌肉和脂肪底下的骨頭有沒有特別突出？骨頭線條埋藏得恰到好處？還是被厚厚的脂肪裹著，摸起來很含糊？

我們需要評估貓咪體態的重點部位，是以下四個地方：

1 肩胛骨
2 背正中整條脊椎
3 肋骨
4 骨盆

從肩膀中央開始，往兩側肩胛骨順著觸摸，感受肩胛骨中央的凸起，被多少皮下脂肪覆蓋著，脂肪是相對於肌肉摸起來特別柔軟的組織，請感受一下，這層柔軟組織的厚度。然後，摸摸背上的脊椎，脊椎兩旁有多少脂肪？脂肪底下有沒有健壯的肌肉？健康的貓咪應該具備紮實的肌肉。肌肉量多寡可以幫助我們知道貓飲食中的蛋白質攝取量，及貓咪的運動量夠不夠。

順勢望向肋骨，毛髮豐厚的貓可能無法肉眼直接看到肋骨的形狀，那就摸摸看吧！十三根美麗的圓弧形肋骨弓狀排列成圓桶狀的胸廓，評估一下肋骨間的脂肪量和肌肉量，最後摸摸貓的屁股，請由貓咪身後往前直視貓的屁股，從尾巴兩側一路觀察骨盆骨骼；在尾巴之下，肛門左右兩邊骨頭摸起來最凸起的地方，那兒正是貓的坐骨，請特別感受一下這裡與尾巴根部連接著屁股的脂肪量。

依照這個方式，對照貓咪 BCS（Body Condition Score）體態分級指數，以及 MCS（Muscle Condition Score）肌肉質量指數，就能知道自己貓咪的身形、肌肉量，是不是處於最佳狀態。

積極的家長可以每週做一次貓咪體態與肌肉量評估，我通常鼓勵一般家長，每個月至少檢視一次貓咪的身材，量量體重、搭配簡單的體態檢視，可以幫助家長評估餵食貓咪的分量會不會太多或者是太少。

體態分級 BCS

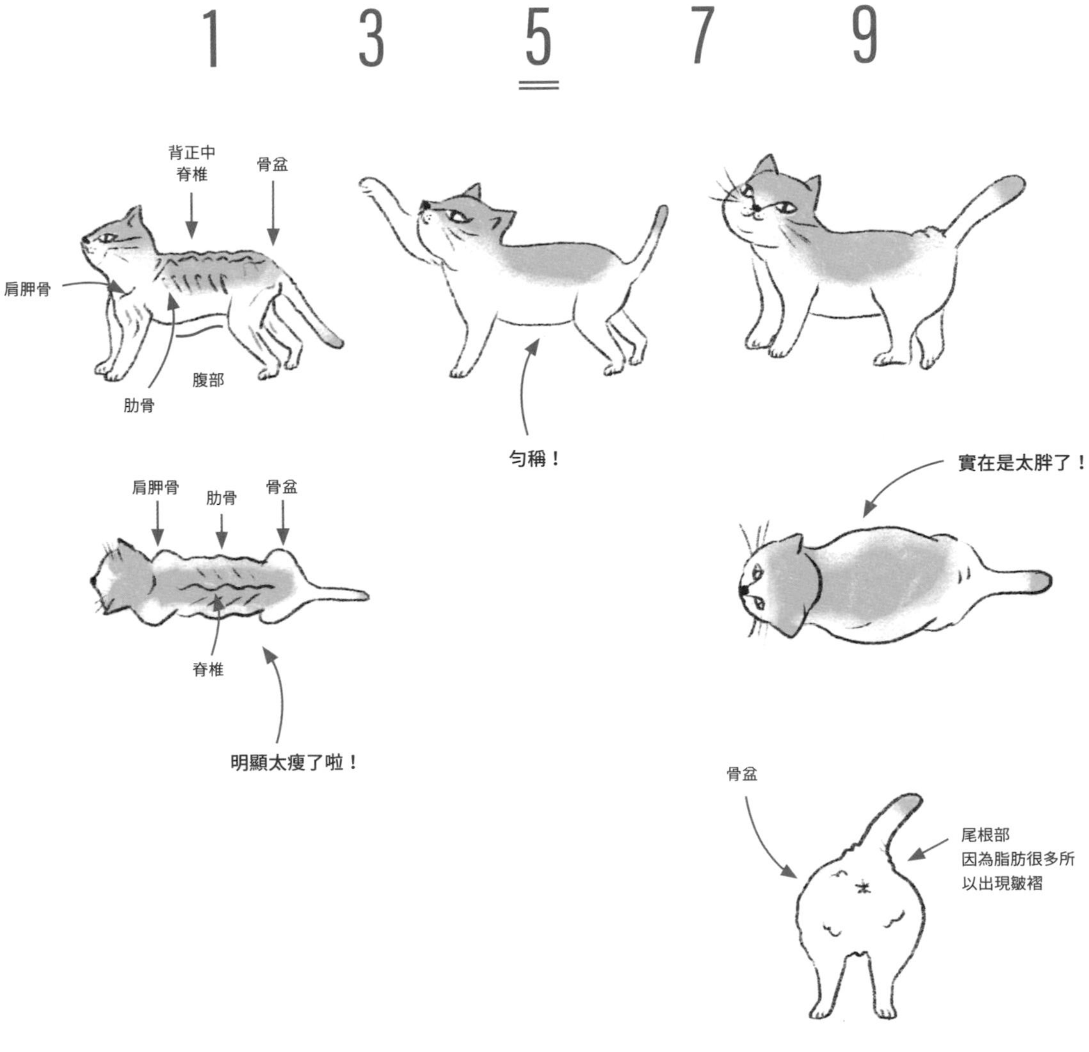
1
3
5
7
9
背正中
脊椎
骨盆
肩胛骨
腹部
肋骨
勻稱！
實在是太胖了！
肩胛骨
肋骨
骨盆
脊椎
明顯太瘦了啦！
骨盆
尾根部
因為脂肪很多所
以出現皺褶

肌肉量評分 Muscle Condition Score（MCS）

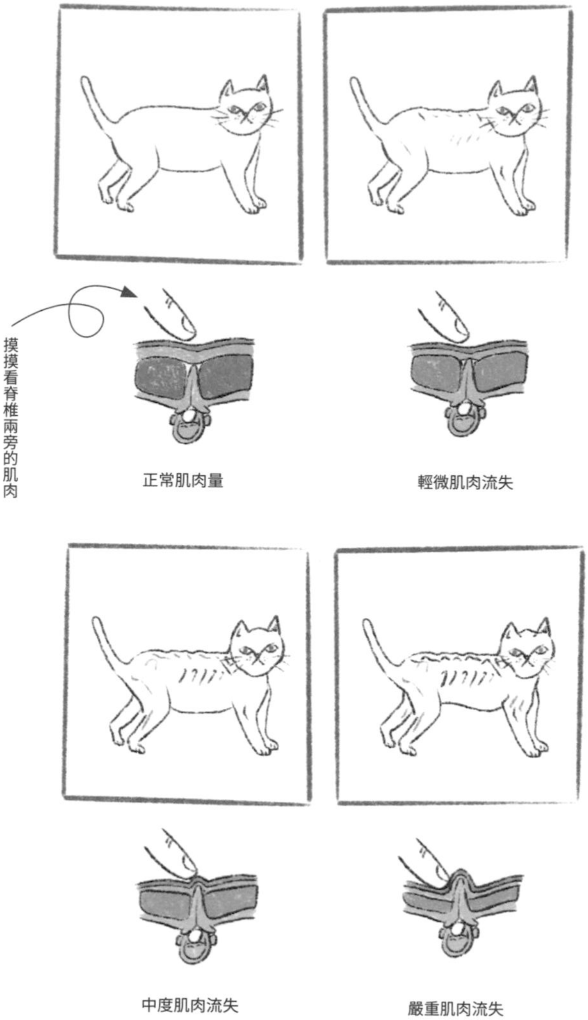

以這個月的餵食分量為基礎，觀察看看目前的餐點會讓貓咪變胖或變瘦，想一下未來要增加或減少多少熱量。慢慢的，就會明白究竟餵多少熱量會讓自己的貓變胖或變瘦。簡單評估不會麻煩，多練習幾次，檢查起來就會變得很快。

貓咪肌少症

摸摸頭頂，健康貓咪的頭頂均勻分布著肌肉，摸起來不會尖尖的，臉頰也會鼓鼓肉肉的；相較之下，長期蛋白質攝取不足，再加上貓咪熟齡後肌肉流失速度快，消化吸收蛋白質的能力變弱，許多貓會開始出現肌少症的狀況。

透過 MCS 肌肉質量的評估方式，可以幫助家長清楚了解自己家裡貓咪的肌肉強弱，稍有減少就能及早做飲食與運動習慣調整。

每天該餵貓咪多少熱量？

有了前面評估的步驟，相信大家已經很清楚家中貓咪究竟是胖是瘦，在這個貓與人類都容易發胖的時代裡，你的貓還能幸運的將身材維持得很好嗎？接下來，我們來算算看，貓咪一天該攝取多少熱量？

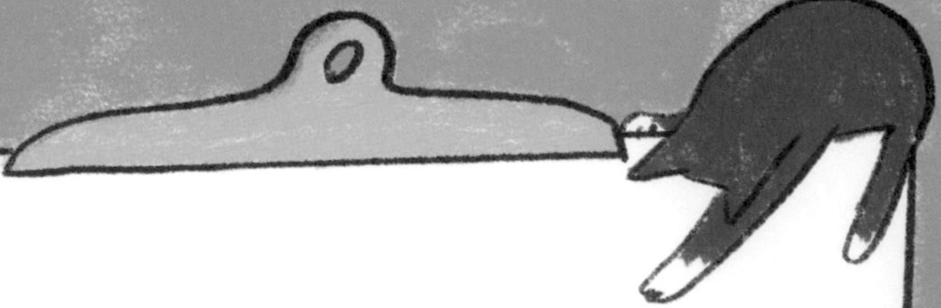

每天該餵貓咪多少熱量？

Step 1. 貓咪體重（kg）x 30 ＋ 70 ＝每日靜止熱量需求（kcal）

（Rest Energy Requirement，簡稱 RER）

Step 2. 回想貓咪身形、日常生活狀況與活動力，選擇一個倍數

Step 3. RER x 選擇的倍數 ＝ 貓咪每天應該攝取的熱量（ kcal）

依照貓咪狀況選一個適合的倍數

	從建議範圍內挑一個合適的倍數
未結紮貓咪	1.4 ～ 1.6
已結紮貓咪	1.2 ～ 1.4
有肥胖的傾向	1
想要快速減肥	0.8
老年貓	1.1 ～ 1.4
熟齡貓	1.1 ～ 1.6
活力很好，好動的貓或是想增胖的貓（衡量運動量高低）	1.8 ～ 2.5
泌乳期貓媽媽	2 ～ 6
剛出生（體重不到成貓 50%）	3
兒童貓（體重大約成貓 50 ～ 70%）	2.5
青少年貓（體重大約成貓 70 ～ 100%）	2

資料來源：The cat-Ch.16 Nutrition for the Normal Cat
Little, S. (2011). The Cat-E-Book: Clinical Medicine and Management. Elsevier Health Sciences.

計算貓咪體重的公式其實不只一種，這邊教大家的是一個簡單的方法，雖然每種方式得出來的數字可能不同，但是每個公式不約而同的都強調自主觀察與調整的重要性。

也就是說，**計算得到的熱量數值只是提供各位家長一個參考的目標**，大家終究必須要按照自己貓咪的狀況，以這個數值為基準，餵食貓咪基準熱量一段時間後，再做一次前面告訴大家的 BCS 和 MCS 評估，以及記錄貓咪體重變化。

發現貓胖得太快就減少 10% 熱量，瘦得太快就增加 10% 熱量，身材達到完美體態就維持目前供應的熱量，只要這麼一次次的調整、一次次的評估，最終每個人都可以得到真正只屬於自己貓咪的每日餵食熱量，以及一隻身材完美的貓。

2-2 守護腎病貓的營養準則

除了以合適的熱量支持貓咪每天活動所消耗的能量之外，我們也必須在乎食物當中蘊含的營養素總量，以及各個營養素的比例是不是符合腎病貓咪的需要；而貓咪無論如何一定要吃到的物質，稱為貓的必需營養素。

六大必需營養素

營養學將食物中的營養做了簡單的六大分類，分別是**碳水化合物**、**蛋白質**、**脂肪**、**維生素**、**礦物質**和**水**。

這六種營養素是支撐貓咪活著的必要物質，前三大種類的含量較多，可以用「克」來秤量分量，稱為巨量營養素，這三大種類同時也是食物中熱量的來源；維生素與礦物質因為每天需要的分量較少，通常以「毫克」或「微克」來測量，稱為微量營養素，微量營養素雖不提供熱量，但卻在身體裡扮演開啟生理功能運作的重要鑰匙。

最後一種必需營養——水，同樣也不提供熱量。說到這裡，大家可能會有疑問，為什麼水可以算進六大必需營養素中？我們將飲水也歸類為必需營養素，是因為水也是動物萬萬不可短缺的物質。動物可以幾天不吃飯，尚且不會立刻死亡，但如果幾天沒喝水，就一定會死掉。從這樣的觀點來說，將水歸類為必需營養，以凸顯每天必須喝水喝到足夠分量的重要性，就顯得非常合理。

水——貓每天一定要喝到足夠的水

那就先來談談水吧！

水雖然不提供熱量，但就像是地球上的空氣，充盈在身體每個角落，承載著所有體內物質，是溫柔的輸送帶，將貨物運到需要的地方發揮功能。身體的水分如果不足，輸送功能會變差，對腎臟來說，就會讓應該丟出身體的毒物累積在身體裡。

因此，對腎病貓而言，喝夠多水是無與倫比的重要。缺水讓毒素累積體內，會拖累腎臟，增加腎臟負擔，同時摧毀身體所有細胞；缺水會加速腎臟病的進程，影響層面很廣，我們必須知道在貓咪罹患腎臟疾病後，每天必須喝多少水才算得上充足。

一般貓咪的每天需水量（c.c.）大約等於貓咪體重（kg）的50～60倍。意思是說，假如一隻貓的體重是4公斤，他一天必須獲得的水分，大約是200～240c.c.。請注意，這裡指的是「需獲得水量」，不是只有喝水，貓咪吃的東西也含有一些水分，食物中的水也是貓咪每日獲得水量中的一部分。

每個家長都知道，貓其實不怎麼喝水，應該沒有人可以抬頭挺胸的說，我的貓每天真的會喝到200c.c.的水吧！

大家只是依稀有看到貓去喝水。貓好像有在喝水，不等於貓喝到足夠的水，別忘了，你的貓可是貨真價實的肉食性貓科動物，從前生活在乾燥地區，有兩顆濃縮尿液效率很好的腎臟，再加上貓科動物的大腦對於缺水訊號特別遲鈍，兩種因素加乘，導致貓不像狗一樣熱衷於補充水分，他們比較常放任自己的身體缺水，直到真的受不了才勉強去喝點水。

我剛才說的是一般貓，還在健康狀態下的貓。那腎貓呢？許多家長發現貓咪怪怪的，帶到門診來時，常會和我特別強調：「我的貓很愛喝水，比其他貓都愛喝水」，這時我只能看著眼前這隻貓嘆息，大家知道嘆息是為什麼嗎？

每日需水量

一般貓每日需水量*（c.c.）＝體重公斤數的50～60倍

腎病貓每日需水量*（c.c.）＝腎病貓每天排尿的尿液總重量（g）

*每日需水量就是所有進入到貓身體的水分，包含吃到的、喝下的、打點滴獲得的。

有別於一般貓愛喝不喝的態度，腎病貓常常會表現出很愛喝水的樣子，那是因為他們的身體正在飛快流失水分的緣故！

若你還有印象，在 Part 1. 中我稍微說明過腎臟機能，以及發生慢性腎病後的變化。大半腎臟失去功能的情況下，腎臟就不能有效的替貓科動物濃縮尿液，此時貓咪的尿就會非常的稀釋，也就是腎臟不再幫忙保留水分了，進入身體多少水分，流轉到腎臟面前便全部開放通行，沒有水分被挽留，全部流了出去。

這是慢性腎病的特徵，從慢性腎病 IRIS 第二期開始，腎臟最多僅存四分之一的功能，所以水留不住、尿很稀薄。腎病貓尿得很多，為了維持身體水平衡，才需要喝大量的水，拼命追上水的流失速度。

腎病貓有著異於常貓的水分需求量，迫使他們開始主動大口喝水，有些人還以為貓咪變得很懂養生呢！

只可惜，腎病貓終究還是貓，大腦對缺水的訊號依然不敏感，所以大部分腎貓就算再拼命喝水，終究還是沒有徹底補足真正短缺的水量。這也是為什麼人為和醫療的及時介入，才真正能幫助腎

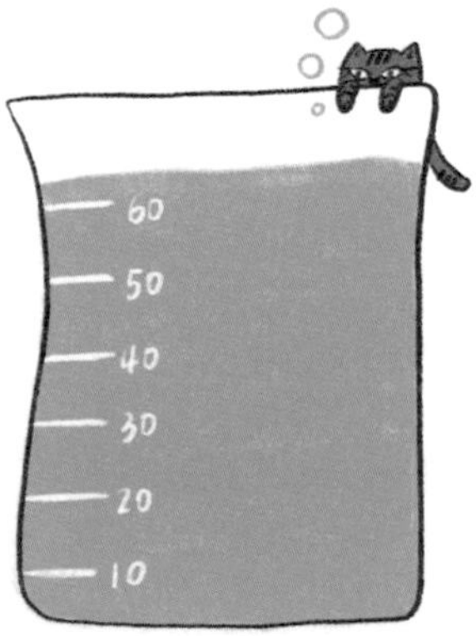

病貓；貓咪不知道要自己喝水，但我們可以及時提醒貓——嘿，你水喝得不夠喔！

尿多少就必須喝到多少，不能只出不進。我建議各位腎貓家長，即刻開始測量貓每天的尿量。怎麼測呢？準備一台電子秤，每次更換貓砂的時候，都維持一個固定的重量，然後在清貓砂之前，先鏟掉糞便，再幫有尿的貓砂秤重，這時得到的重量扣掉原本全新貓砂的重量，就可以知道這段時間中，貓咪的尿液重量。

記錄 24 小時的尿液重量，你就可以清楚知道今天貓咪的尿總共多重，而這個珍貴的數據，就是貓咪一天需要喝的水量！（多麼簡單又有用的小觀察呀！）

多貓家庭的家長，可以試試將腎貓單獨留在一個房間裡，或是留在醫院裡請醫護人員幫忙收集一整天的數據，雖然我知道那一天當中你的貓會很孤單，但你這麼做是為他好，請務必要下定決心。

同時，你必須知道你的腎貓一天可以自己取得多少水。首先，你需要衡量食物中的水分及貓自己喝水的量。

食物中的水分主要可以看商品的標籤，而一般乾飼料的含水量約 8～10%，罐頭等濕食含水量約 60～75%；自製食物就不一定了，要看烹調的方式，不過，沒有特別乾燥或特別加水的自製鮮食，可以估計為含水量 75%。

順帶一提，水分含量越高的食物，熱量密度會越低，因為同樣重量的食物，濕食的水佔有 75% 的重量，只有 25% 是具有熱量的。如果要吃到一樣的熱量，那麼濕食的分量（體積）絕對會比乾食物還大，因為幾乎四分之三都是水！換句話說，**吃濕食的分量多、飽足感好，而熱量密度幾乎是乾食物的四分之一，吃濕食比較不容易發胖**。

話說遠了，總之，請秤重貓一天吃的分量，然後乘以含水的百分比，便能大概估計貓每天在吃的東西中可以攝取多少水。

要怎麼知道貓自己會喝多少新鮮的飲水？方法跟秤貓砂的重量一樣，放新的水碗時秤量一次，隔一段時間收回來看剩下多少。喝過的水少掉的重量，就是貓這段時間喝的水量，記錄 24 小時的數值，加總起來就知道貓這一天喝了多少水。

當然，多貓家庭會有測量的困難，一樣可以讓貓自己留在一間房間，或趁貓咪住院時請醫護人員幫忙觀察。最好的狀況是，每天都要持續測量尿重和喝水量，這樣每天要額外靠主人補充多少水量，就可以隨時調整。

為了親愛的貓好，你必須比他更了解腎病，別坐視貓脫水而不管。當你知道他一天真正需要多少水之後，你可以透過食物、餵水、打點滴來幫貓補水，聰明一點的主人會想到把乾燥食物更換成濕潤的食物，這確實是個好主意，增加濕食將讓貓咪不知不覺攝取到更多水分。在此我稍微舉例說明一下：

食物內的水分：乾食濕食比一比

A 貓吃乾燥的飼料

乾飼料的水分含量最多 10%，而熱量 300 大卡的乾飼料，大概重 75g，最多含有 7.5ml 的水。

B 貓吃濕潤的食物

濕食水分含量平均 75%，熱量 300 大卡 的濕食，大概重 300g，含有 225ml 的水。

如果這兩隻貓一天的需水量都是 300ml：

A 貓需要另外喝
300-7.5=292.5ml 的水

B 貓需要另外喝
300-225=75ml 的水

竟相差 217.5ml 這麼多水！
如此一來，B 貓的主人要引誘 B 貓喝水的壓力會小很多！

我知道很多貓自小已養成吃乾飼料的習慣，這種情況下，別跟生病的貓過不去，再怎麼強迫他轉成吃濕食，也常會徒勞無功。在還沒辦法擺脫乾飼料的情況下，**你還有很多聰明的方式能引誘貓咪喝水＊**。

打皮下點滴是相當有效的方法。相信我，比起每天花大量時間追著貓去強迫他喝水，這絕對輕鬆許多。我這邊說的輕鬆，不管對貓或對人來說都是。

全世界的腎病貓家長，大都能在經過醫師的指導並歷經幾次挫敗後，成功掌握替貓咪打皮下點滴的訣竅。當你越是從容不迫的在固定時間拿起點滴器材走向你的貓，你的貓也會越泰然自若的回應你這個溫柔而堅定的要求。

別害怕、別排斥幫你的貓打點滴！若你嘗試過本書 4-2 中我所提供的引誘貓咪喝水方法＊，卻發現貓還是無法靠自己的力量喝夠多的水，為了不讓他的腎臟比其他貓更快陣亡，請捲起衣袖，盡力幫你的貓打點滴吧。

當然，別給自己太大壓力，真的辦不到的話，尋找一間能長期

打皮下點滴並不可怕！

＊引誘貓咪喝水的方法，請參考 P.170。

每天帶貓拜訪的動物醫院，誠心告訴醫生你碰到的困境，我相信，沒有醫師會拒絕幫你這個小忙，當然，該支付的技術費用還是要負擔的。

三種巨量營養素

我不會輕易說任何一種營養素是對貓來說最重要的營養，因為每個營養素都有它存在的意義，如果被列為貓的必需營養，那就一定是無可或缺的。

貓每天必須攝取到足夠的熱量，但膳食中能提供熱量的營養，只有蛋白質、脂肪和部分碳水化合物。貓科動物的血糖來源和雜食動物不同，不是攝取碳水化合物直接拿到糖分，貓的血糖大部分是由蛋白質分解成胺基酸，再送到肝臟轉化胺基酸成為血糖，相較於雜食動物，貓像是多繞一個圈來靠自己合成血糖。

所有動物吃**蛋白質**都是要了要獲得身體不能合成的必需胺基酸，以及運用這些必需胺基酸來合成非必需胺基酸；每種動物合成非必需胺基酸的能力不同，像是貓就不能像狗一樣合成足夠的牛磺酸，所以貓比狗要多了一種必需胺基酸，就是牛磺酸。

身體需要這些胺基酸來進行生化反應、合成身體需要的物質。而貓對蛋白質的運用除了像一般動物一樣用來建構身體組織，同時蛋白質還須扮演好柴火角色，轉換成血糖，讓每顆細胞運用血糖產生能量來支持細胞運作，因此身兼多重功能的蛋白質，必須佔貓咪膳食中最大的比例。

其次是**脂肪**，脂肪吸收進入身體，分解成脂肪酸，依照不同脂肪酸有不同功能性。Omega-3 和 Omega-6 脂肪酸是兩大類必需脂肪酸族群，像是翹翹板的兩邊，平衡著身體的免疫發炎反應，沒有何者比較優秀。

Omega-6 脂肪酸促進發炎，Omega-3 脂肪酸抑制發炎，兩者缺一不可，都必須均衡攝取。因為，活化發炎也是維持健康重要的保衛機制，抑制發炎與抗氧化的 Omega-3 則用來中和過度激烈的免疫戰爭。某些時候，貓的身體也會利用脂肪酸在肝臟轉化成血糖，提供身體熱量。

碳水化合物在貓的食物裡雖是三大營養素中佔比重最低的，可是同樣也是每日必須攝取到的營養。貓對碳水化合物的運用並非是藉其獲得糖分，而是貓的腸子需要碳水化合物分類當中的纖維來調整消化吸收功能；同時部分纖維也是支持貓咪建立健康腸內菌叢的重要物質。

貓咪腸內的細菌藉由消化部分纖維維生，細菌消化纖維的過程中會產生的短鏈脂肪酸，可以滋養腸道上皮，具有腸胃保健的效果，所以貓還是需要這點碳水化合物的。

分析一份貓咪原始的餐點（體型嬌小的獵物），可以發現所有貓與眾不同的地方，都藏在原始餐點的細節裡。這份動物肌肉組織，富含貓咪代謝能量所需要的精胺酸（Arginine）和貓咪所不能自己合成的甲硫胺酸（Methionine）；獵物脂肪中也富含貓咪較難自行轉化獲得的一種脂肪酸——花生四烯酸；而動物的內臟和腦組織也能提供 Omega-3 脂肪酸中兩個重要的、哺乳動物無法自行合成的 EPA 和 DHA。

因為原始餐點中都能充足提供需求，所以貓的身體就巧妙刪除了這些功能，貓始終堅持肉食，也可以說貓的身體代謝方式從未向雜食妥協過。

在貓罹患腎病後，三大營養素應該怎麼吃？

動物性蛋白質部分依然要充足，因為那是貓維生的養分，不過隨著血中 BUN 累積或尿液檢查中發現現蛋白尿時，必須謹慎選擇給貓吃的蛋白質種類，越好消化吸收的蛋白質，越符合貓咪代謝需要的胺基酸組成，就越不會製造太多不必要的 BUN 含氮廢物，這麼一來累積在體內的 BUN 就能獲得控制。不過，當腎臟排泄能力變得更差，而 BUN 越來越高，為了改善尿毒與蛋白尿的狀況，就連蛋白質攝取的總量也都需要開始降低。

兩種微量營養素

維生素和**礦物質**是飲食中的微量必需元素，測量單位是毫克或微克。這兩種營養不提供熱量，主要是在身體裡協助生理機能運作，像是一把鑰匙，一旦短缺，對應的機能就無法開啟運作的大門。

雖然同為微量營養素，但是維生素與前面三大類巨量營養同樣都是有機物質；而礦物質是飲食中相當特別的族群，它們是自然界的無機物，是大地默默餵養著地球生物的禮物。

維生素

貓咪對維生素特別的需求，讓我們不得不謹慎替貓補充這些維生素。Part 1. 中跟各位說明過，貓必須直接攝取維生素A，不能像狗或人一樣吃類胡蘿蔔素之後再自行轉換獲得維生素A，而貓的皮膚也不能像人類一樣照照太陽就合成足夠的維生素D。

維生素A、D、E、K是四種飲食中的脂溶性維生素，吸收後可以收藏在貓咪的肝臟中，等到相關生理作用需要的時候，再從肝臟中取出來使用，平常有吃到這四種脂溶性維生素，貓咪多半不會有忽然缺乏的狀況，反正可以儲存，必要時就能取用，像是平常有儲蓄習慣，碰到急用就有備無患一樣。反過來說，如果脂溶性維生素攝取過多，肝臟細胞中堆積太多脂溶性維生素，就有可能造成肝臟中毒、影響肝臟機能，所以在補充脂溶性維生素時必須小心衡量，過量有傷肝的風險。一份均衡的貓食譜，一定會特別告知脂溶性維生素夠不夠，要是不夠的話，需要額外補充多少量。

水溶性維生素就沒有吃太多而傷害肝臟的風險。維生素B群和維生素C屬於水溶性維生素。維生素C能抗氧化、增強免疫力與促進膠原蛋白生長；維生素B群是許多種維生素B的總稱，常見功能是協助細胞獲得能量、蛋白質代謝、穩定神經傳導等。

其中，維生素B1、B6和B12在我的經驗裡，大家自行準備的鮮食中有時會有不足的狀況。由於水溶性維生素溶於水，每天都會從尿中排出，並不儲存在體內，所以我會針對維生素B群不足的食譜，特別標註維生素B群的補充量。

對了，貓對維生素B1、B3、B6、B9的需求量遠高於狗*，準備鮮食時也要特別留心。

另外，有時候並非食物中缺乏這些維生素，而是因為食物中含有阻止貓咪吸收這些維生素的物質，例如某些生魚肉和細菌（Clostridium spp., Bacillus spp.）含維生素B1的分解酵素；平常不容易缺乏的維生素B7生物素，在大量餵貓吃生蛋白後也會有缺乏的危機，因為生蛋白含有抗生物素蛋白（Avidin），如果讓貓吃多了會阻礙維生素B7生物素（Biotin）的吸收，而生物素是貓咪細胞生長必需元素，因此千萬不要讓貓生吃蛋白、生魚肉或可能帶有上述細菌的食物，**解決辦法是將食物妥善加熱，就能輕鬆**

* Little, Susan. The Cat: Clinical Medicine and Management. Elsevier Health Sciences, 2011.

破壞掉阻礙維生素吸收的不良酵素。

礦物質

來自大地的無機物——礦物質，是貓咪身體組成的重要元素。例如鎂、鐵和鋅是合成血紅素的原料（鋅幾乎可說是細胞生長必備的物質）；負責鞏固骨骼、牙齒的鈣和磷，鈣磷之間維持平衡的狀態才能被身體妥善運用；肌肉收縮時需要足夠的鉀和鈣；碘是甲狀腺素合成的原料；鈉維持著身體的血壓和水分含量。因為礦物質不會在動物身體中憑空製造出來，飲食中絕對不能匱乏。

在我的經驗裡，經常見到家長專注於食材的豐富度，卻忽略了精準供應貓咪這些重要卻微量的元素。像是讓貓咪大量吃肉，而肉中含有許多磷，在沒有額外幫貓補充鈣的情況下，食物中的鈣磷往往呈現極度不平衡的狀態。還有鋅、碘、鐵也是常常被忽略的礦物質。許多人以為腎貓就該無限的限制磷，甚至將磷當作罪惡的根源那般深惡痛絕，但限磷的前提是經過抽血檢查，真正確認貓咪身體有過高濃度的磷，而過高的磷將傷害腎臟，也會刺激控制鈣磷比的副甲狀腺內分泌過度亢進，才要特別在飲食中限制磷。事實上，動物如果長期的磷低下，也會影響鈣質吸收、傷害骨骼。我們學習這些知識，可以針對不同貓的狀況做精準的控制，不能

太多、也不能太少，小心評估食物中的含量，是腎貓家長一定要守護的原則。

就算處於同時期的腎病貓，面臨的狀況也不會完全相同。有些貓有貧血狀況、有些貓血磷高、有些貓鉀高、有些貓有氮血症（BUN過高）、有些貓只是某些指數高了點，但還不到要在飲食上調整的階段，多喝水或打打點滴就能減緩。

我在這裡再次提醒，生病狀態的動物必須一隻一隻分開來看，沒有一套標準可以適用於全部的貓，再加上用藥的狀況、每隻貓的營養消化吸收的效率不同，在進行飲食調整前請和你的醫師討論。

最後，我提供腎病貓的營養調整方向供大家參考，不是所有的調整都需要一起做，只要針對你的貓真正面臨的問題，挑出其中項目選擇合適食譜就可以了。腎貓症狀的排列組合很多，這也是為什麼我必須為腎貓專門出版一本專書的重要原因。

一般貓的營養需求	**慢性腎病貓的營養調整方向**
蛋白質充足：注意必需胺基酸含量與牛磺酸補充	貧血的貓：特別補充造血元素
脂肪：Omega-3、Omega-6 平衡	高血磷的貓：限制食物中磷含量，同時注意鈣磷平衡
碳水化合物： 澱粉 < 10%；纖維不能過多，一般 <5%	高血壓的貓：限制食物中鈉含量
必需維生素充足	有腸胃不適症狀的貓：降低整體食物油脂量
必需礦物質充足	氮血症的貓：降低蛋白質攝取量，以動物性蛋白質（高優質蛋白質素材）為主要蛋白質攝取來源
水分充足	消瘦的貓：脂肪與整體熱量提高，讓貓咪每多吃一口都能獲得更多的熱量
	肌肉量減少的貓：多運動，提高蛋白質攝取的質與量，注意充足熱量供應
	水分充足

2-3 推薦食材、處方商品食物與要避開的食物

貓罹患慢性腎病後，腎臟過濾效能下降，與其他貓在代謝上開始有些不同，飲食上自然得做調整，食材選擇上也必須更加謹慎。

一般來說，腎病貓在離開透析儀器後的慢性期居家照護過程中，我們必須特別關注幾個常見的問題：

- 高血磷
- 高血壓
- 針對氮血症的蛋白質攝取量調控
- 慢性貧血

慢性腎病貓建議低磷飲食，若有高血壓則酌量降低食物中的含鈉量；驗血發現 BUN 數值高（氮血症），就得在蛋白質攝取量上調整；若有貧血狀況，就替貓咪補充造血需要的元素。

在血磷控制上，因為貓必須以肉維生，而大多數的肌肉細胞內都儲藏著運動必需的磷，所以幾乎所有適合貓咪的食材（例如蛋和各種肉類），都屬於高磷食材。可想而知，光靠飲食控制磷的攝

取量，很難幫貓有效降磷，還是會建議在無法降低血磷的狀況下，適當給予磷離子結合劑。

將醫生開立的磷離子結合劑混入食物中，或者在吃飯後服用，這類制磷藥物可以直接在腸道內緊緊吸附磷離子，避免餐點中的磷被吸收進身體中。只要能配合這樣的方式，在肉的選擇上，我們可以保有豐富的食材選項。

推薦的食材：

肉類與蛋

常見的雞豬牛羊魚肉、較少見的其他種類肉像是鹿鴨鵝鴕鳥，或新鮮雞蛋、鴨蛋、魚蛋，都是很適合腎病貓的蛋白質來源。天生就該吃肉的貓，消化肉和蛋的效率絕對比植物性蛋白質更好，也更加吻合貓咪必需胺基酸的攝取比例。

當我們提供給腎貓越好消化的蛋白質，最終累積在貓咪身體裡消化食物後代謝成的含氮廢物 BUN 就會變得越少。

日常能攝取到適合貓的蛋白質，無非是取自肉和蛋，這類仍屬於高磷含量的食材，除了準備餐點時以滾水汆燙可幫助濾掉磷外，我會以磷與蛋白質的百分比值來衡量供應這份食材給貓吃的營養價值。也就是說，在不得不的情況下，我會盡量選擇可以提供較多蛋白質，但蘊含的磷較少的肉品。

推薦食材	肉類與蛋
推薦 1	雞蛋（磷蛋白質百分比＝ 14.9 中度） 雞蛋黃（磷蛋白質百分比＝ 37.5） 雞蛋白（磷蛋白質百分比＝ 1.3） 整顆雞蛋（磷蛋白質百分比＝ 1.4）
推薦 2	雞肉（磷蛋白質百分比 =8.0） 鴨肉（磷蛋白質百分比＝ 10.5）
推薦 3	牛小排（磷蛋白質百分比＝ 9.3）
推薦 4	豬里肌（磷蛋白質百分比＝ 10.7） 豬絞肉（磷蛋白質百分比＝ 11.1）
推薦 5	在貓食慾不振的時候，只要貓愛吃， 所有市場能買到的肉其實都好

* 牛肉、鮭魚的鐵質較多

海鮮類

海鮮類只要貓咪能接受、不會過敏或反胃，除了魚肉外還有很多良好的海鮮選擇。大家盡可能挑選新鮮、未受污染的優質海鮮，像是蛤蠣、干貝、牡蠣等食材富含牛磺酸，也是很推薦家長納入腎貓飲食清單中的選項，可以依照書中建議分量餵給貓吃。不過，如果貓咪過去從未吃過這類海鮮，剛開始一定會碰到被拒絕的困擾，請多花一點時間，溫柔、耐心的等候貓咪接受這類食物。

推薦食材	海鮮類
推薦 1	鮭魚（磷蛋白質百分比＝ 1.1）
推薦 2	鱈魚 （磷蛋白質百分比＝ 9.4）
推薦 3	鯖魚（磷蛋白質百分比＝ 1.3）
推薦 4	文蛤（磷蛋白質百分比＝ 13.2 中度） 青蚵（磷蛋白質百分比＝ 13.6 中度）
推薦 5	干貝（鹽分較高，不能多）

內臟類

經過 Part 1. 的介紹，相信各位家長已經不難理解為什麼貓咪必須吃內臟。身為肉食小獸，逮到獵物時一定不會忘了品嚐獵物腹中的內臟；在準備貓鮮食時，除了一般肉品的供應，貓膳調配務必以新鮮的肌肉佐內臟（作為營養加分的點綴食物）。

所有動物皆然，內臟保存的營養有別於肌肉組織，像是肝臟細胞當中儲存的脂溶性維生素A、D、E和礦物質、鐵、鋅含量遠高於肌肉；腎臟富含維生素A、D；心臟與腦等器官，儲存著貓咪飲食的重要必需元素——牛磺酸、維生素B群（例如葉酸）、硒。

內臟的營養價值，在於能讓貓適當攝取一般肉類中較稀罕的營養素，而這些營養剛好是貓咪日常飲食的必要元素。不過，像肝臟、腎臟等器官主要功能是代謝和排泄毒素、藥物，選購時務必注意來源，請挑選經過政府機關農政單位定時檢驗藥物殘留量的合格動物內臟品。一般來說，屠宰動物經過合格停藥期後，代謝器官中殘留的藥物濃度就不致於超標。

推薦食材	內臟類
推薦 1	雞心（磷蛋白質百分比＝ 0.3）
推薦 2	豬肝 （磷蛋白質百分比＝ 15.8）
推薦 3	豬血（磷蛋白質百分比＝ 11.1）

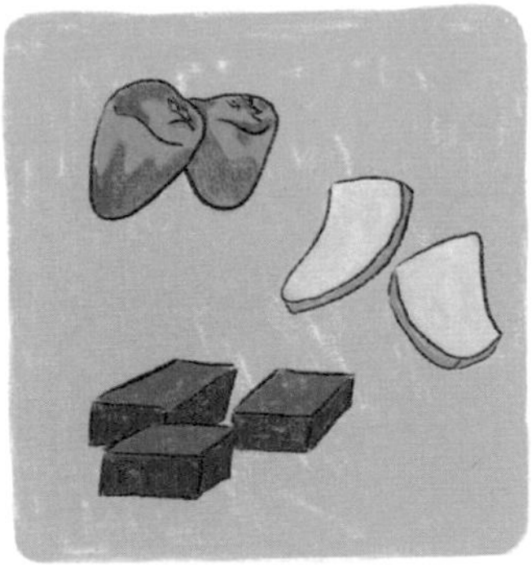

植物與藻類

水果、蔬菜和藻類等食材，主要能提供貓咪膳食纖維與大自然的維他命C，對於貓咪腸胃道蠕動、膳食消化效率、免疫系統穩定與腸胃健康都有一定幫助。攝取植物維生素C還能幫助鐵質吸收、協助紅血球的製造。

纖維素對於在現代城市裡生活的貓咪，也是由植物所供應的重要營養。家貓因為人類的陪伴而衣食無虞，不必大老遠張羅食物，貓的日常運動量遠少於過去，也讓為數不少的貓苦於便秘問題，此時飲食中的膳食纖維含量變得至關重要。

我所設計的貓食譜，大多遵循營養學建議量，控制在一般貓咪1～5%DM（乾物分析量）；有特殊需求，像是經常排便不順的貓，可考慮請獸醫專家協助設計更高纖維量的食譜，或諮詢家庭獸醫師，尋找市面上合適的纖維補充品、高纖含量的乾飼料。

推薦食材	植物與藻類
推薦 1	蔬菜嫩葉
推薦 2	胡蘿蔔
推薦 3	南瓜
推薦 4	海藻
推薦 5	燕麥
推薦 6	貓草

處方飼料與主食罐頭

我仍會建議各位家長在家適時存放一點腎病處方飼料或罐頭，以備不時之需。遇見工作忙碌、貓咪挑食拒吃新嘗試的食材、急性腎指數上升時期，配方經過檢驗的大廠牌獸醫專用腎臟處方食物，就能夠派上用場。

以台灣能夠取得的商品來說，例如希爾思 Hill's® 腎臟病貓用處方 k/d®，就有多款口味可供選擇，近期也因應高齡貓腎病罹病率高的趨勢，生產同時對骨關節有益的處方食物，或是味道更香濃的燉菜罐頭；另一個台灣常見大廠牌處方飼料廠商法國皇家 Royal®，除了過去的腎貓乾糧處方 RF26，台灣近期也引進更能吸引貓咪的腎病貓專用妙鮮包。

即使像我這種習慣自己煮食給動物吃的獸醫，在門診時也經常在權衡之下建議腎病貓家長，乾脆先以市面上能購買到的合格腎貓飼料或罐頭，作為剛確診腎病的貓咪目前的主要餐點。

我希望病患家人能先將大部分的時間投入在熟悉腎貓居家醫療照護上，成為腎貓後的營養需求不像一般健康貓，需要大量的知

識基礎，罹病初期快速的病情變化也有可能要同步做很多調整，這時候貿然動手替貓準備新的食物，很可能是不適合的，無論對正在對抗病魔的貓或正在學習照顧貓的主人而言，可能會過分辛苦且難以做到盡善盡美。

因此，在有限時間內，我希望主人先把心力放在刀口上，等到準備就緒了，學習了足夠的照護知識、營養知識（像是先透徹讀過這本書後），再開始著手介入貓咪飲食。

獸醫推薦的飼料或主食罐，多半都是醫師多年治療腎病貓經驗中，經常使用的產品。這些產品在上市前經過獸醫營養專家研究，配方設計上遵守科學家訂定的貓咪營養攝取標準，也會年復一年提供研究成果與世界各地獸醫師討論，或者共同尋找調整方向。醫師們身為動物健康的把關者，當然明白新鮮食物才是最適合動物的餐點，但在不能看見一般自製鮮食或坊間業者的營養分析報告或飲食試驗成果的考量下，往往還是最保守的以執業經驗中腎病動物使用安全無虞的產品作為推薦的優先選擇。

當然，我也很期待未來能有更多鮮食運用在腎病動物身上的數據化科學實驗報告問世，包括我自己，也會朝著這樣的方向努力。

在生病的貓身上，我們必須更加謹慎，因為沒有本錢再拿貓咪健康冒險。

管灌液體與餵食管的介紹

走到疾病的末期，許多腎病貓的食慾會變得非常低落，幾乎食不下嚥。經過 Part 1. 的說明，相信大家還記得，貓咪肝臟中負責利用胺基酸（食物蛋白質分解後的基本營養單元）合成血糖供應身體能量的酵素是非常活躍的，即使貓沒有吃東西，酵素仍舊努力不懈的在消耗身體的胺基酸。

這個異常的、過度消耗胺基酸的機能，讓身體只要吃不夠蛋白質，就會響起飢餓的警報器，立即將身體各處儲存的脂肪送到肝臟來，為的是盡快燃燒生成能量，結果卻意外發展成脂肪肝。此時，肝的代謝功能大幅下降，身體不舒服的感覺讓貓對食物更加抗拒，罷工的肝到頭來會扼殺貓僅存的生命力，千萬不能輕忽！

在這個階段，除了請求醫師開立食慾促進的處方藥以外，更多人會在與醫師討論後，替貓安排小手術裝設食道餵管或鼻餵管，開始嘗試以餵食管灌食貓咪。

一般常見的餵食管分成食道餵管與鼻餵管兩種，如果貓咪身體狀況還撐得過一次短暫的鎮靜或麻醉，我會推薦主人選擇經由食道伸入的「食道餵食管」。理由是裝設後不舒服的感覺較少，不像鼻胃管那樣讓貓咪感覺鼻孔內有東西附著，而且食道餵管的管徑大，灌注營養液時比較順暢，不容易因為食物阻塞而必須重新裝一次，裝設後維持率多半很好。

裝設食道餵管並非大手術，通常從開始麻醉、裝好管子到貓甦醒不過幾分鐘的時間，配合運用優秀的麻醉與止痛藥物，貓在餵食管裝設的過程中並不會感受到特別疼痛。

裝好管子之後，你會發現餵貓咪吃飯相較於往常厭食狀態，透過管子餵食變得非常容易，而且無痛、無壓力。這時，請與醫師討論，找一款適當的液態餵食食物，台灣市面上容易購買到的選擇有：美國亞培的寵膳 CliniCare®、信元製藥的發育寶 s® 寵膳腎貓 K/D，這兩種液態食品除了滲透壓符合貓咪需要，同時可提供適合腎貓的高熱量密度、蛋白質含量與磷含量。但若貓咪狀況目前無法消化吸收高脂肪量的食物（例如同時有胰臟炎的貓），請再跟醫師討論使用其他較低脂肪的選項。

以上的商品選項，請各位家長務必在選購前先與主治醫師討論，這邊我提供的是台灣家長容易取得的商品，也是我經常在緊急、必要的狀況下會請家長使用的產品，不過每隻貓的狀況不同，請大家務必謹慎思考什麼樣的商品真正適合自己家的貓咪，購買前也要詳盡閱讀食品標籤、跟醫師請教餵食*和使用的方式。

貓咪要避免的食物與居家用品

所有貓都應該避免的有毒物質，食物方面有巧克力、茶葉、茶、咖啡、酒、葡萄、柑橘類、果核、蔥蒜類、口香糖；居家植栽如百合花、鬱金香、水仙花、金針花、牽牛花、一品紅（聖誕紅）、海芋、夾竹桃、杜鵑花、鳶尾花、文殊蘭、虞美人、茉莉花、繡球花、萬年青、文竹、蘆薈、常春藤、風信子、蘇鐵、冬青、孤挺花、槲寄生、鐵線蕨。

* 餵食方式請參 P.166

居家用品部分，有小護士、綠油精、白花油、萬金油、撒隆巴斯、香茅油、精油、香水、人的感冒藥、牙膏、漱口水；許多人家中常用的驅蟲良方、異國料理中常用的香料、藥膏貼布、帶麝香的香水等諸多香精油產品，對貓都有害。

成為腎貓家長後，應該避免餵食貓咪高磷食材，例如米糠、乳製品、吻仔魚、小魚乾、紅豆、綠豆、黃豆、黑豆；高鉀食品如紅豆、黃豆、綠豆、苜宿芽、芹菜、川七、茼蒿、香瓜、哈密瓜。

此外，乳製品中的磷含量其實是高的，乳品中的磷在天然狀態下與酪蛋白結合著，如此一來，即使給予降磷用的磷離子結合劑，也無法和結合劑連接，仍可以被貓吸收進入體內。高血磷的腎臟病貓，切記避免多食乳製品。

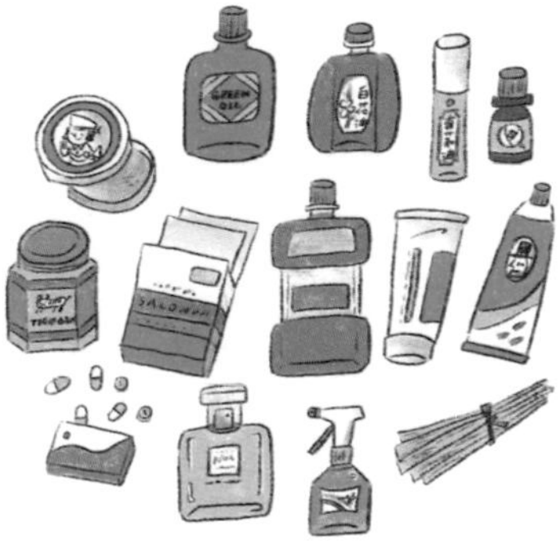

2-4 烹煮方式可以很簡單

廚房裡瀰漫著溫暖的食物氣息，貓殷切盼望的眼神投射在灶上，在一旁跟進跟出……請用美食勾勒腎貓與親愛家人的晚餐時光，為了能日復一日堅持著替貓親自下廚，製作貓飯的步驟就該化繁為簡、不耗費太多精神。

不需擺盤、毋需塑型，當我們確定了食材來源安全新鮮、食譜具備足夠的營養，深思考量後進行調整，用簡單的烹調方式，就可以實實在在完成一頓最幸福圓滿的腎病貓食。

食材的處理與備料

清洗

開啟流動的水，將肉與蔬菜分開來處理。端看肉品來源，有蒙塵或沾染到汙物可能的肉類，可先用水稍微沖過；蔬菜則將菜葉剝下，一葉一葉放入流水中清洗，讓清水帶走殘留的泥土，換三盆清水，讓可能存在的農藥被徹底清除。

裁切

在煮熟之前，盡量避免將食物切得太細碎，那將導致烹煮過程中的食物與水或油的接觸面積太大，加快水溶性與脂溶性營養流失。請將肉切成小塊或小片，方便煮熟、燙熟；蔬菜洗淨後則大段的切，像是做人的炒青菜那樣大小，浸入滾水中汆燙後撈起。

什麼時候才要真正利用調理機打成貓咪適合入口的型態呢？為了避免烹煮或保存過程中的養分流失，打碎的步驟保留到餵飯之前吧！

汆燙

想要去磷，只要將食材水煮30分鐘便可有效降低20～55%的磷*。然而，**想要真正做到水煮去磷，在一般狀態下是很難做到的**；水煮30分鐘以後，肉會變得太老、蛋白質也會被過度破壞、水溶性維生素盡失。

我們希望透過煮熟食物來達成殺菌、去除食品安全危機的效果，卻並不期盼透過半小時的水煮來達到去磷。我的建議是將食材稍微汆燙過，入水後2分鐘左右撈起，以稍微去磷卻不造成大量營養流失為目標，盡可能保留食物的天然營養；至於去磷、降磷，必要時請倚靠降磷藥物的幫忙。

---

*Ando, S., Sakuma, M., Morimoto, Y., & Arai, H. (2015). The effect of various boiling conditions on reduction of phosphorus and protein in meat. Journal of renal nutrition, 25(6), 504-509.

溫和煮食

面對處於生病階段的貓，請溫和加熱食物。煮熟可以殺滅食材中的病原，保護你的貓遠離細菌、寄生蟲的侵害。某些食材中蘊藏脂溶性、具備抗氧化能力的營養，例如加油煎炒過的番茄，釋放出的茄紅素也會因而更好被貓咪吸收。

掌握好加熱時間，不過度加熱就不會過度破壞營養，你可以運用以下四種煮食方式，創造不同口感、香氣的餐點，在貓咪食慾不振的時候，只要稍微變化烹調方式，馬上就能吸引貓咪的目光。

1 慢煎
2 快炒
3 清蒸
4 烤

無論如何，都建議碎製

蔬果等纖維高的食材，對貓來說是不好消化的，沒有其他選擇，請將蔬果妥善打碎吧！而少量的澱粉類，像是精緻後的白米，充分煮熟可以有效斷開生米中的β澱粉鏈結，變化成身體消化酵素能夠消化的α澱粉，貓咪可以少量吃一點，增加飽足感，而煮熟的香濃白飯一般來說不用特別打碎。

蛋與肉類的粗細調整，就得觀察貓咪平常進食狀況，大部分貓因為自小習慣肉泥口感的食物，將肉和所有食材一起打碎成泥會比提供貓咪小塊的肉更受歡迎。碎製食物的工序請在食物煮熟後操作，理想狀態是送到貓咪面前的那一刻再碎製，因為越早打碎，就得承擔更多營養流失的風險。

封裝保存

我知道許多家長因為生活忙碌，無法日日替貓按時現做食物，只能趁著休假上市場採買，然後花一個下午的時間準備好一到兩週分量的貓伙食。這種狀況下，我建議各位將家中貓咪每天需要的食物，分成每天一盒或每天一包的小分量封裝冷凍。

例如，按照食譜的建議分量，一次準備貓咪 10 天分的食物，將煮好的所有食物混合均勻，然後分成 10 等分，密封裝好後冷凍。冷凍是很好的食物保存方式，除了能壓制微生物的活力外，營養素的耗損也會變慢。每天退冰一天的分量，要吃之前稍微加熱，再打碎餵貓。

端上溫暖的食物

別忘了Part 1.介紹過，貓是喜歡溫熱食物的肉食動物，天性使然，肉食動物永遠追求溫食的新鮮感，一份溫暖的食物也會有較活潑的氣味分子，對可能因為病痛而失去進食意願的貓來說，除了盡量變化菜色與烹調方式，別忘了幫貓加熱食物，端上一份溫熱、伴隨撲鼻香氣的食物，更能有效促進食慾。

熟悉了這些準備貓咪食物的技巧與知識，下個章節，我將開始與各位分享數年來我為腎病貓所擬定的餐點。

請毫不客氣的使用我的食譜，將羅列的食材仔細秤量重量後，依照今天貓咪的心情，選擇一種煮熟的方式，無論是蒸、煮、煎、炒、烤都不必設限，盡情發揮；找一種最吸引你的貓的方式，用食譜中精準分量的食材所蘊藏的均衡營養素餵飽你的貓。

讓每隻腎貓享受美食，同時吸收完整營養，沒有什麼比這件事更讓我感到幸福了。

Part 3

寫給腎病貓的家常菜

我設計給慢性腎病貓咪的居家照護食譜雖然數量不多，但我想對貓來說也已經很夠用了。在我的臨床營養門診諮詢經驗裡，這些食譜受到腎貓們的喜愛，能吸引生病貓咪進食。食譜的編排方式按照腎病貓常見問題做營養比例的調整，每個小節中也會盡量提供多種肉類（胺基酸組合）口味供各位家長選擇，大家可以依照自家貓愛吃的肉類來挑選食譜運用。

貓是對口味、口感非常念舊的動物。我在 part 1. 說明過，貓從六個月大的時候就養成了飲食的喜好，在未來的數十年中，通常只喜歡過去熟悉的肉類氣味和過去常吃的口感。

吃慣乾飼料的貓你很難要求他去吃黏呼呼的東西；習慣黏呼呼食物的貓，就不喜歡切塊的肉。我無法穿透書頁感知你的貓喜歡什麼樣的口感、什麼肉的氣味，所以本書食譜大致這樣呈現：依照常見貓愛吃的肉類區分食譜，**至於口感和顆粒大小、烹調方式、濕潤程度，必須交給各位家長自己決定。**

回想一下過去你的貓偏愛什麼味道的食物，是雞肉還是鮪魚？習慣怎樣口感的食物？食物的顆粒大小如何？是軟爛泥狀，還是小顆粒感的？

如果貓喜歡軟爛的泥狀食物，請將我提供的食譜煮熟後加點水（至於要加多少，你必須自己調整，加入的水量也必須列在貓咪每日喝水量的紀錄中），水分多寡會影響口感與香氣濃郁程度，想清楚之後，將所有食物絞成泥再拿給貓吃。

3-1 九種鮮食貓常備營養品

在動手煮食之前，左側九樣鮮食貓必備的營養品，請花點時間尋找合適的品項，然後常備在家中。我的食譜中都會明確指示必須添加的營養品分量，充足補充這些營養品，才能真正守護腎病貓的飲食健康。

九種常備營養補充品

- 牛磺酸
- 維生素 A
- 維生素 D
- 維生素 E
- 維生素 B 群
- 鈣
- 鋅
- 魚油
- 益生菌

為什麼需要營養補充品？

很多人以為只要吃得新鮮、天然、盡量變化菜色，就足以讓貓獲得充足營養吧？老實說，在我的臨床經驗裡，一旦據實分析犬貓常見的鮮食菜單後，很難不發現這個驚人事實——大多數主人並沒有審慎評估鮮食中短少的必需營養素。

美國加州大學戴維斯分校獸醫學院在 2013 年的研究發現，如果沒有按照專業設計的食譜謹慎製作犬貓鮮食，自家任意準備的犬貓鮮食中有 95% 的食譜都被證實有必需營養不足的問題；而其中 85% 的菜單則反覆出現相同營養素缺乏的現象*。

也就是說，任意採買食材、沒有針對特定營養素補充的鮮食餐點，就算每天變化菜色，貓咪可能都還是無法充分攝取特定的營養素，因為每份食譜總是藏著一樣的漏洞。這樣的研究結果告訴我們：對於人類製作的鮮食是否真能提供貓咪需要的完整營養，仍必須持非常保守的態度。

對貓咪很重要的營養，對雜食的人類而言不一定必要，以人類觀念在人類市場裡找到的材料，仍不足以滿足貓。

*Stockman, J., Fascetti, A. J., Kass, P. H., & Larsen, J. A. (2013). Evaluation of recipes of home-prepared maintenance diets for dogs. Journal of the American Veterinary Medical Association, 242(11), 1500-1505.

我長期觀察台灣犬貓家長準備鮮食的習慣，在這幾年分析食譜的經驗中，發現同樣的營養素缺乏現象，依然普遍存在於大多數鮮食貓家庭，而我最常提醒家長們務必謹慎針對下表中常見的營養缺乏項目做補充。

新鮮的食材雖然是健康的基礎，但是一般菜市場能購買到的，不外乎是蔬菜、水果、肌肉、禽類的蛋。人類飲食可接受的食材部位，對於來自草原的肉食猛獸而言，這些選項是多麼狹隘呀！

皮毛、內臟、骨骼、魚貝、海鮮與昆蟲，都曾是貓咪天然的食物，卻不受人類青睞，或是家長也比較少運用這些食物，一不小心，送上的食材就成了健康的漏洞。

鈣在肉、蔬菜與飯食中的含量很低，而且大多數食材中的磷都高於鈣，很難從這些食物中達到鈣磷平衡。鋅、碘也並不常見於這類食物中，必須額外設計使用內臟、藻類食材的食譜。

許多人也許會驚訝「鈉」的缺乏竟也榜上有名，主因是大多數家長準備貓咪食物時，往往不會加鹽，這是嚴重的錯誤！只要是動

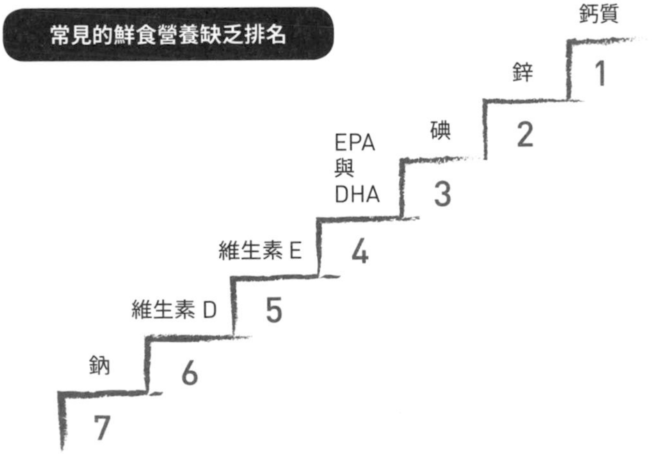

物都需要鈉，許多家長誤以為貓狗都不能吃鹽，間接使這些吃鮮食的動物夥伴怎樣都無法吃到充足的鈉。

長期鈉含量過低的飲食，會造成調控鈉的內分泌過度工作，太過活躍的內分泌系統，久而久之會造成犬貓心血管問題。

貓也需要吃點鹽！

也有些人以為狗貓不能吃油，所以餐餐準備清蒸水煮的鮮食，一點油也不加，肉類都使用雞胸肉這種油脂量非常低的部位，結果導致犬貓缺乏必需脂肪酸、EPA和DHA；去油的飲食也降低了脂溶性維生素的吸收效率，使狗貓的皮毛失去了原本的光澤、毛質乾燥粗硬、身體的抵抗力下降等等，都是日常鮮食的營養缺漏所造成的後果。

再次提醒，**為了避免營養漏洞，請準備九種營養補充品，務必按照兩種方式替犬貓補充，第一類營養品請依照食譜建議分量加入食物中，第二類營養品則必須每天或每週規律的補充**＊。

貓咪理想的鈣質攝取量必須與食物中的磷含量保持平衡，在腎病貓必須監控血中磷濃度的情況下，鈣的攝取也會配合減量。鈣和磷之間的比例，必須維持在1:1～1.8:1之間，長期鈣磷攝取失衡，會造成體內調控鈣磷平衡的內分泌極大的負擔。

像這類有特殊限制、多吃不僅無益還會有過量危機的營養品，被歸類在第一類當中，並會在食譜中特別標註應該加入的分量，請大家按照建議量添加。

鈣片或鈣粉——請依照食譜建議量添加

就算使用了貓咪綜合維生素／礦物質，或定時餵貓吃骨粉，也很難達到食物中的鈣磷平衡，無論如何，家中還是必須常備鈣粉或鈣片。市面上對貓來說較好吸收的是乳酸鈣、檸檬酸鈣或葡萄糖酸鈣，就算是人用的也可以，只要沒有人工調味料就好。

使用時，請看一下鈣含量，若鈣片每錠含 1000mg，而食譜中建議添加量是 125mg，那麼就將鈣片 1／8 的分量磨碎加入食物中。

＊補充營養品的兩大分類方式，請翻到後面幾頁

我常用的營養補充品推薦

第一類
依照食譜建議量補充的品項：
維生素A、E、B群、鈣、鋅、魚油

維生素A

維生素A是脂溶性維生素，儲存在肝臟中，因此食用動物肝臟能獲得充足維生素A，但要特別注意，過量補充會導致維生素A中毒，務必按照建議分量餵給貓咪，不能任意當作點心或一般保健品服用。

市售商品： Nordic Naturals 北歐寵物鱈魚肝油，每 5ml 含維生素 A 約 230 IU

從天然食材中攝取： 豬肝、雞肝、鱈魚肝。

維生素E

市售商品： DHC 維他命E，每顆膠囊含有天然植物萃取維生素E約 150 mg。

維生素B群

市售商品：Now 貓用維他命B群，屬於水溶性維生素，注意存放位置，小心受潮。

從天然食材中攝取：營養酵母，例如 Now Food 營養酵母粉，酵母是一種單細胞生物，市面上可購買到天然的營養酵母粉嚐起來有種獨特的香氣，很受貓咪喜愛，並可以補充維生素B群。

鈣質

市售商品：DHC 天然鈣（天然貝鈣），由天然扇貝類製成，每錠含有鈣質 10 mg，同時添加維生素 D3 促進鈣質吸收。

鋅

市售商品：DHC 活力鋅元素（亞鉛），每錠含有鋅 15 mg。

魚油

對貓來說，魚油是最好的 Omega-3 脂肪酸補充品。

市售商品：DHC 精製魚油（DHA），是萃取深海鮪魚眼窩中的 DHA 所製成，每顆膠囊含有 DHA 330mg 及 EPA 43mg。

市售商品：Nordic Naturals 北歐天然寵物魚油，來自深海小型魚類如鯷魚、沙丁魚萃取的魚油，每 2.5ml 含有 DHA 345mg 及 EPA 207mg。

第二類
常態規律補充的品項：
牛磺酸、貓用綜合維生素、益生菌

牛磺酸

牛磺酸在煮食過程中容易流失，貓咪對牛磺酸的需求比其他動物高（詳細原因可以翻閱本書 part 1.），因此如果是以自製鮮食為主食的貓，建議每週至少挑兩天，早晚在貓咪的食物中加入 150～200 毫克牛磺酸，相當於一天總共 300～400 毫克牛磺酸。

市售商品：Now 貓用牛磺酸，每顆膠囊含 500mg 牛磺酸。

市售商品：美國貝克藥廠貓用牛磺酸錠，每錠含 250mg 牛磺酸和 18 種胺基酸。

從天然食材中攝取：牡蠣、干貝等海鮮中含量特別豐富。

貓用綜合維生素

每週兩次替貓咪補充

市售商品：Life Extension,Cat Mix Advanced,Multi-Nutrient Formula，除了有符合貓咪需求的維生素A、B群、C與E之外，還有牛磺酸與精胺酸等貓咪必需胺基酸與益生菌，更加全面替貓加強平常可能不足的部分營養素。

益生菌

腸內益生菌，每週兩次或視情況提高補充益生菌頻率，請與醫生討論。

市售商品：寵特寶 Synbiotic D-C^{+}腸寶，針對腸道補充歐盟認證犬貓專用益生菌，含七種益生菌株。

市售商品： Azodyl™ 針對腎病動物設計，含有三種益生菌：嗜熱腸球菌、嗜酸乳桿菌和長雙歧桿菌。

其他腎貓推薦營養品

鉀

若是貓驗血後有發現低血鉀的狀況，請按照醫師指示口服補充鉀的補充劑，直到確認貓咪的鉀回到正常範圍，就不必再過量補充，補充鉀的同時也須定期回診驗血檢查，以免發生鉀過高的危險狀況。

市售商品：寵特寶鉀寶含葡萄糖酸鉀，原則上每五公斤貓咪一次吃 2ml，但真正適合每隻貓咪的劑量，建議與主治醫師討論後決定。

3-2 選擇食譜的方式

什麼時候該開始替貓準備腎病貓專用食譜？這是全世界獸醫營養專科醫師爭論不休的問題。

面對罹患腎臟病的貓病患，人為介入控制蛋白質攝取不能過早，太早降低蛋白質含量是不合適的，理想的腎貓飲食控制，應該在貓咪進入慢性腎臟病第二期時著手。**真正察覺血液中 BUN 升高、CREA 升高或尿中出現蛋白尿的徵兆時，才有必要調整貓咪飲食。**

在貓未達 IRIS 第二期慢性腎病標準時，仍建議家長維持一般貓的蛋白質、磷攝取量。過早壓低給予貓的蛋白質分量，會讓貓提早肌肉瘦弱（貓咪肌少症，請複習 2-1 聊過的 MCS 評估）、營養不良，進而無力對抗疾病。

確認貓咪出現第二期腎病貓的數據後，再與醫師討論應調整的飲食項目。營養性介入腎貓飲食，得針對貓咪面臨到的不同狀況個別調整，若貓咪沒有高血磷，也就不必特地限制貓咪的磷進食量，每一次思考該選擇哪種食譜，都需針對每隻貓個體狀況全面評估。

大家必須清楚明白，不論是營養性介入、醫療介入，都沒有辦法修復貓咪已經損壞的腎臟，但我們（獸醫師與家長）仍盡可能針對個別狀況做相應調整，時刻在營養與醫療部分為貓努力，期盼的不是腎臟功能被治癒，而僅僅是希望延長貓咪壽命、緩和疾病的進展速度，讓親愛的貓可以陪伴我們更久，同時維護未來幾年間腎貓與陪在腎貓身旁的家人該有的生命尊嚴與生活品質。

腎病貓的營養照顧目標＊

1 盡量減少氮血症造成的生活不適
2 控制腎病相關的酸鹼與離子不平衡
3 以合適的營養支持貓咪對抗疾病
4 延緩疾病進展速度

謹慎決定每天餵食分量

經過 part 2. 體態與生活型態的評估，思考過貓咪的理想體態，並算好現在開始希望每天供應貓咪的熱量後，就以此作為每日餵食熱量的標準。

*Thatcher, C. D. (2010). Small animal clinical nutrition (Vol. 1314). M. S. Hand, R. L. Remillard, P. Roudebush, & B. J. Novtony (Eds.). Topeka: Mark Morris Institute.

舉例來說，閱讀了 part 2. 之後，發現自己的貓處於 BCS=3/9 的過瘦狀態，於是在 2-1 計算熱量的章節中，選擇較高的熱量倍數，將 RER 靜止能量需求乘以選好的倍數，得到了每天應該餵貓 300 大卡的建議熱量。

接下來這段時間，持續以每天 300 大卡的熱量來準備貓的食物，經過 1～2 週，再重新評估貓咪的體態、體重與肌肉量變化，如果不如預期，再次調整每日供應熱量，多一點或少一點（熱量變動約 10%），慢慢就能抓到真正適合貓咪現階段的每日熱量需求。

我設計的每份食譜，營養標籤中皆有提供此分量的熱量分析及熱量密度，「熱量密度」是指食譜菜色每一公克重量所含的熱量。

拿剛剛舉的例子來說，假如現在的目標是每天讓貓咪吃下 300 大卡熱量，手邊正要運用的食譜熱量標示是 280 大卡，且熱量密度是 1.2kcal/g，表示每公克本食譜的熱量為 1.2 大卡，就拿

目標：每天吃 300 大卡熱量！

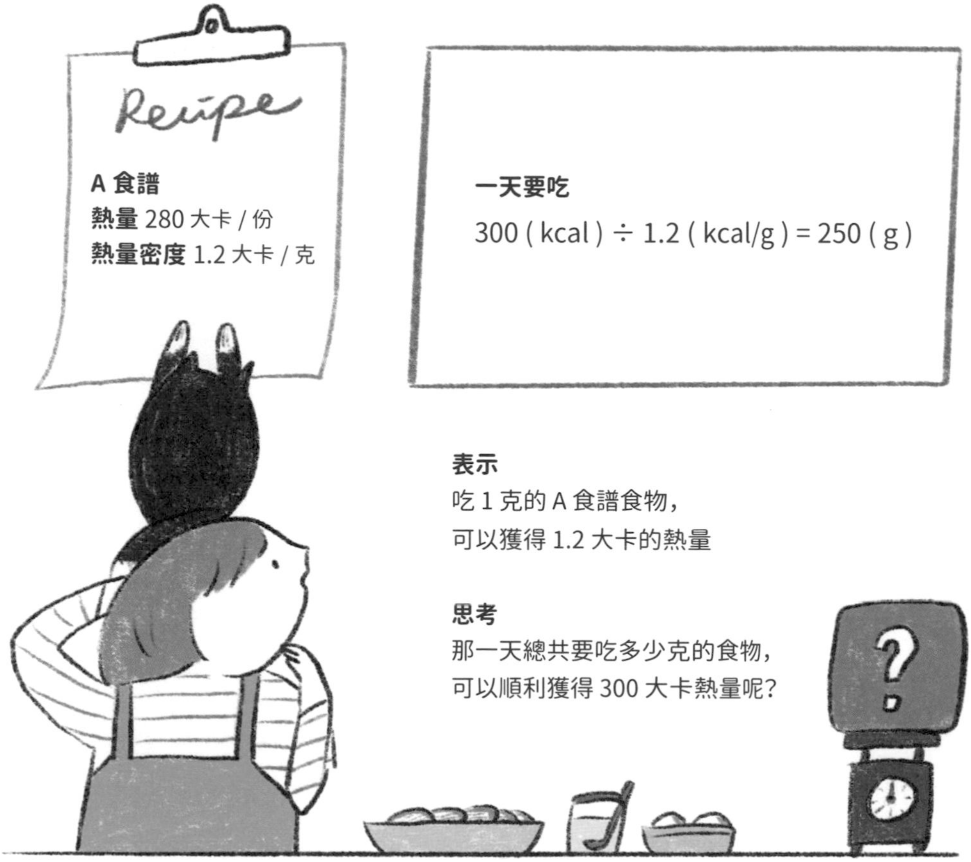

A 食譜
熱量 280 大卡 / 份
熱量密度 1.2 大卡 / 克

一天要吃

300 (kcal) ÷ 1.2 (kcal/g) = 250 (g)

表示
吃 1 克的 A 食譜食物，
可以獲得 1.2 大卡的熱量

思考
那一天總共要吃多少克的食物，
可以順利獲得 300 大卡熱量呢？

300 除以 1.2，便可知一隻每天必須吃 300 大卡的貓，每天必須吃這份食譜 250g 的分量。

很多人餵習慣乾飼料，會對 250g 的鮮食分量感到驚訝，別懷疑！因為新鮮食物含水量大約四分之三，吃鮮食的貓總能比吃乾燥食物的貓吃到更多的食物量。

如果你是屬於一次準備好幾天分量的家長，該怎麼衡量呢？很簡單，**請把貓咪每天需要的熱量，乘以總共要準備的天數，**然後挑選一份食譜，算算看這份食譜若需符合這幾天總熱量，大約要乘以幾倍，以這個倍數採買食材備料，完成烹調後，再將整份食物均分成每天的食量儲存。

舉例來說，一隻每天要吃 300 大卡的貓，家長希望一次準備 7 天的分量，等於一次要準備 300 乘以 7，總共是 2100 大卡的總熱量。

如果選擇的食譜每份含 280 大卡，那麼就得準備 2100 除以 280，也就是 7.5 份的食譜食材。將食譜中所有食材乘以 7.5 倍，做出一大鍋攪拌均勻的菜色後，分成 7 等分，包裝好冷凍起來，這麼一來，每天只要解凍一份食物，就是貓咪今天要吃的分量了。

大量煮食的分量拿捏

1. 要煮七天分的食物，已知貓一天需要吃 300 大卡
   於是將 300×7 = 2100 大卡（七天分）
2. 看到每份食譜含有 280 大卡
3. 將 2100 除以 280，知道必須準備 7.5 份的本食譜的食材
4. 上市場買食譜中食材 7.5 倍的分量，回家煮成一大鍋
5. 將一大鍋混合均勻的食物，分成七等分，裝在密封盒子裡、放進冷凍庫
6. 每天解凍一盒，加熱後分成多餐，讓貓在一天中吃完

閱讀食譜的營養標籤

腎貓所處的狀態不盡相同，不同的症狀對應不同的營養需求。雖然我會在標題上直接點名此菜單設計的重點，但家長們選擇時還是要依照貓咪的狀況而有彈性。學會閱讀營養標籤，可以幫助各位家長懂得如何替貓咪挑一份真正合適的食譜。

IRIS 慢性腎病第一期貓的食譜選擇方向

——此時期不用在貓咪食物上動手腳，不需要限制貓咪吃多少蛋白質，不需要主動去磷，依照貓咪狀況選擇正常蛋白質含量的食譜，健康貓可以一如往常的吃平常愛吃的食物。

若貓還有其他疾病，再按照醫生指示調整飲食，例如心臟病的貓請餵食心臟病貓的建議食物，胰臟炎貓就吃胰臟炎時期建議的食物，腎病貓的食譜在此時期是毫無用處的，乖乖按照醫生建議的貓咪食譜製作餐點吧！

IRIS 慢性腎病第二期以上，貓的食譜選擇方向

其他檢驗大致正常，只發現氮血症時（BUN 高）

——那就選擇蛋白質比例佔乾物重 35% 上下的食譜，因為新鮮蛋白質相對於加工食品的蛋白質，較不容易產生大量含氮廢物，加上蛋白質吃得太少對貓的健康也有影響，在 BUN 沒有非常高的情況下，不超過 40% DM* 蛋白質比例，都能試試，在不讓 BUN 上升更多的狀況下，盡可能讓貓吃到極大化的優良蛋白質！

從醫生口中得知貓咪高血磷時

——所有食物都無可避免的含磷，得知腎病貓的血磷上升時，只能盡量選擇食譜中磷含量相對低的食譜，處於腎病控制狀態的貓，建議攝取食物含磷量為 0.3～0.6% DM，高血磷的貓可以偏低範疇來選食譜，並按照醫生指示，搭配合適的降磷藥物來控制血磷，更能有效控制血磷值。

確認貓咪有高血壓時

——大多數貓咪在醫院中會比較緊張，血壓常會飆高，但在醫生反覆多次檢查，甚至家長自己在家中量測貓咪血壓都得到過高數據時，貓咪的食物就必須降低鈉含量，腎貓建議的鈉攝取量為 0.2～

---

* DM 為 Dry Matter Basis（乾物質分析）的縮寫，表示食物在去除水分狀態下的營養分析比例。

0.4% DM，而高血壓貓建議選擇鈉含量為0.2～0.3% DM的食譜。

慢性貧血

——許多腎病貓同時會有貧血狀況，黏膜變得蒼白，驗血報告中的PCV（或HCT）都低於正常貓標準，可選擇含有充足維生素B6、B12和鐵、鋅、鎂的食譜，來提供造血需要的營養元素。

當醫師察覺貓咪貧血到了一定程度時，會建議幫貓打造血針，同時替貓補充造血元素的營養品，而嚴重貧血的貓會進展到需要輸血的地步。如果有了醫生建議額外搭配的營養補充品，本書中其他適合腎貓的食譜也可以選擇，只要貓願意吃、適合吃的食譜，都可以搭配醫生開立的營養品使用。

發現貓咪太瘦

——許多貓因為長期食慾不振，漸漸瘦得不成貓形，此時請盡量選擇高脂肪、高熱量密度的食譜，這些貓咪多半對食物愛吃不吃的，能多吃一口就是萬幸了，高熱量密度的食譜可以讓貓咪每多吃一口食物，都能比別的貓獲得更多一點的熱量，請使用高熱量食譜積極讓貓胖回來吧！

最近腸胃不適（吐或拉，或有胰臟炎）

——任何腎貓只要出現腸胃不適的症狀，就暫時不要給貓吃太油，請選擇脂肪比例相對低的食譜，就算貓處於過瘦時期也一樣，以穩定胃腸症狀為主要目標！先別吃太油，等到腸胃不舒服的狀況恢復正常後，再換成其他合適的食譜。

突然發現有非常嚴重的高氮血症（BUN 很高）或蛋白尿時

——當醫生特別針對 BUN 發出警訊，告訴你貓咪的 BUN 處於非常誇張的上升期，此時當務之急是積極壓低 BUN、避免氮血症進展成嚴重傷身的尿毒症。

除了讓貓多喝水、配合醫生指示打點滴或服用藥物外，緊急狀態下可暫時替貓選擇蛋白質含量非常低的食譜，直到 BUN 上升趨勢緩解。請注意，長期供應貓咪超低蛋白質含量的餐點可不是件好事，一定要在危機解除後，改選擇書中其他更合適的食譜。

我所設計的食譜，都有附上營養標籤，上面指示著主要幾項營養素含量，家長選擇食譜時可自行參考；而營養標籤中沒有提到的部分，像是必需胺基酸含量、EPA、DHA、維生素、礦物質，在加入當餐建議的營養補充品和每週必須給予的牛磺酸、維生素D後，所有食譜都符合腎臟病貓咪需要攝取的建議量標準。

也就是說，任何一份食譜，只要妥善運用，加上建議每週替貓補充的營養品，就能日復一日以這些食譜為主食，而不會出現營養匱乏問題。

3-3 寫貓的觀察日記

畢竟不是每隻貓都能如你所願的接受你準備的食物，我們只能多觀察、多了解，並知道如何因應貓咪的反應做調整，這樣一來才不會被貓咪突發的狀況或小任性嚇得罷手，從此不再進廚房為貓燒菜。

當你興致勃勃看了書，準備了你希望能受貓青睞的餐點，我請大家一定要記得深呼吸、沈澱一下雀躍的心情，不要一下子就讓貓大吃一頓，否則你很可能會面臨一場滿地嘔吐物與稀爛排泄物的災難；因為若是很不巧的，你的貓對這餐中某項食材過敏，或者他還不能適應這道高脂肪量的食物，災難就發生了。

每一次新嘗試都請小心謹慎，可以的話請寫下觀察日記，你才會更清楚明白貓咪到底能不能適應你出的菜，以及這樣的飲食調整對腎病的控制是否有效*。這個觀察方法、新食物初期必須少量嘗試的黃金規範，不論是面對自製鮮食，或是剛買來的新食品都必須遵守。

以下是觀察日記的幾條重點項目：

貓的體重、體態（BCS與MCS）

——請記錄貓咪採用新食譜後的體重與體態變化，如果不夠好，就一定要著手修正。

精神狀況

——許多時候，貓咪的身體微恙，卻不會出現太多驚人變化，而只是精神微微變差。每天早晚都要問候貓咪，看看他精神活力好不好，對喜歡的遊戲是否一如既往的熱衷，是非常重要的觀察。

食慾狀況

——如果貓愛吃不吃，也許是身體不太舒服，也許是菜色不合貓咪胃口，可以先試著換其他食譜，或調整烹調方式、食材顆粒大

* 請不要客氣的盡情使用本書附錄提供的「貓咪觀察日記」

小。若做了以上嘗試，貓咪還是對食物提不起興趣，請盡快請醫師幫忙確認貓咪身體狀況，看看是否病況正在變差，必要的醫療介入在許多時候才是拯救貓咪的關鍵。

飲水狀況

——腎貓每天最重要的大事，莫過於好好吃飯、好好喝水。除了食慾每天務必評估外，飲水也必須有系統的測量和記錄。

如何觀察貓咪一天總共自己喝了多少水呢？最簡單的方式是每天定時補充固定量的水在貓的水碗裡，然後在更換飲水時，測量剩餘的水量，看看水減少了多少，就知道貓咪這段時間喝了多少囉！使用流動飲水機、噴泉水機的也是同樣方式，持續 24 小時記錄一整天水分的減少量。

我舉個實例，大家會比較明白我說的方式：每天早上九點，在貓咪的水碗中倒入 100ml 的水，當天晚上九點將水碗中剩下的水倒進量杯中（我喜歡用醫院的空針筒抽起），測量剩下多少 ml 的水，如果剩下 40ml，就用 100（未喝過的水量）減 40（喝剩的水量），得知貓咪 12 小時中喝了 60ml 的水。

接著，再重新倒進100ml的水，等隔天早上要更換新的飲水時，再次測量並相減。如果隔天早上發現剩下60ml的水，就知道晚上的12小時中貓喝了100-60 = 40ml的水。

相加兩次數字，我們就可以知道貓咪在24小時中，總共喝了60+40 =100ml水，當然這個飲水量太夢幻了，很少真正實現在貓的生活中。

有了每天觀察貓咪喝水的習慣，再加上詢問醫師後知道貓咪一天總共需要多少水，我們便可以清楚自己必須親自幫貓補充多少水才能達到每日標準。

假如醫生告訴你，貓咪一天總共需要200ml的水，而自己在家觀察發現貓咪會自行喝水100ml，那麼不足的100ml就務必要想辦法讓貓咪攝取到。可以透過打皮下點滴、食物中添加水或用針筒餵水，或合併三種方法來達成補水計畫。

排便狀況

——跟飲食最相關的觀察，無非是排便狀況了。正常情況下，貓的糞便應該是成條狀、微微透著濕氣卻不軟爛、不含有菜渣的。

* 其他吸引貓咪多喝水的方法，收錄在 4-2 喝水大作戰中，請參 P.170。

如果糞便中有未消化的食材殘渣可以被一眼看出——啊！有玉米粒和胡蘿蔔在大便中——這樣就是不及格的。應該把該食材打碎、磨製、煮軟爛一點，才不會讓貓消化得很辛苦。

部分食譜的設計上纖維量比較多，有些貓無法適應太高纖的食物，會出現軟便、脹氣的狀況，就請改用其他纖維量較低的食譜；有些貓則是沒有吃到高纖食物，就容易糞便太過乾硬而便秘，這時選擇食譜反而是高纖對這隻貓比較有幫助。

有些食譜的設計上脂肪含量較高，病貓無法適應高脂肪的食物時，也會有腹瀉的狀況，一旦觀察到這些重要的資訊，務必銘記在心，在替貓咪尋找食譜時避免採用高脂肪的食譜。

如果你的貓出現你無法預期的排便狀況，請一定要與主治醫師討論造成的原因，再著手調整。

排尿狀況

——排尿狀況是重要的腎病貓咪觀察指標！貓咪的排尿量是否正常，有沒有突然變多或變少？尿色是濃是淡？有沒有出現血色都是重要的資訊，雖然跟食物不一定有直接關係，不過既然身為腎病貓的家長，觀察貓咪排尿狀況是每日必備功課。

突然間尿不出來、頻尿、血尿都是很異常的變化，養成每日觀察習慣的家長能及早發現，然後盡速帶貓咪到醫院治療。如果貓咪一直都尿得少，也要記得盯緊貓咪每日水分的攝取量，必要時在食物中加水、在貓咪出沒的地方放水、學習幫貓打皮下點滴，做出及時的調整，都有助於貓的病情。

有沒有異常反應

——嘔吐、拉肚子、疑似對食物過敏而劇烈搔癢等異常狀況出現時，請停止現在正在嘗試的新食物，帶貓至醫院詳細檢查，找出可能的原因。

醫院檢查結果的變化趨勢

——在醫生建議的回診時刻，主動帶貓上醫院複診追蹤，一起討論貓的病況變化。雖然腎臟不太可能會完全恢復正常，但是變動有沒有趨緩？指數有沒有穩定維持？在往好的方向改變還是壞的方向進行？未來應該怎麼調整？飲食上有沒有忽略的地方？或是繼續保持現在的餵食方式就很好了？

請抓緊每次複診的寶貴時間，和主治醫師好好研究一番。

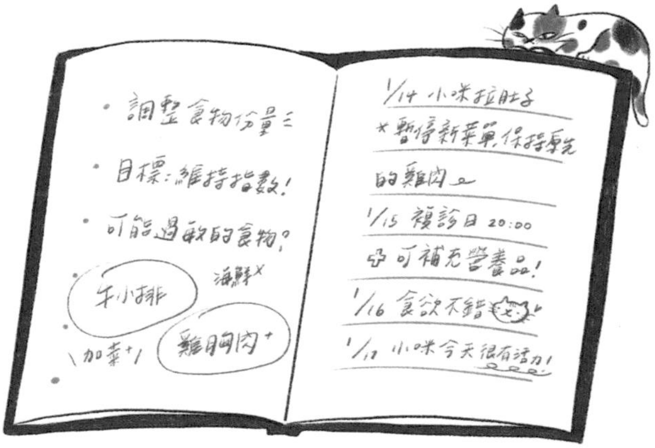
調整食物份量
目標:維持指數!
可能過敏的食物?
牛小排
海鮮×
雞胸肉+
1/14 小咪拉肚子
*暫停新菜單,保持原先的雞肉
1/15 複診日 20:00
可補充營養品!
1/16 食欲不錯
1/17 小咪今天很有活力!

<< 本書附錄中提供「貓咪觀察日記」，
請別客氣的盡情使用喔！ >>

3-4 推薦的優秀廚房道具

電子秤
準備精密的電子秤可以運用在食材備料、秤重和添加營養品的時刻

深色密封罐
用來存放需要密光保存的營養品，放入乾燥劑對於水溶性維生素更好

研砵
錠狀的營養品可以利用研砵磨碎成粉，再均勻灑進食物中

果汁機
不論是打碎，或是製作肉泥都可以，果汁機適合加水跟食物一起攪打

小分量密封盒或小分量密封袋
將食物分成一天分，每天封裝成一袋或一盒，除了今天要吃的以外其他都冷凍起來，每天只解凍一盒，最能保持食物新鮮

食物調理機
粗硬纖維可以快速打碎，也能均勻混合所有食材，不給貓咪挑食機會

寫給腎病貓的家常菜

3-5
適合氮血症與高血磷的腎病貓食譜
雞肉版本

本份量含 256 kcal ／熱量密度 =1.6 kcal/g

食材 INGREDIENT

雞里肌肉，生重	40 g
雞心，生重	10 g
雞肝，生重	5 g
高麗菜，生重	20 g
花椰菜，生重	40 g
南瓜，去皮去籽，生重	25 g
雞油	13 g
魚油	5 g
含碘食鹽	0.3 g

添加營養品

鈣	120 mg
鋅	15 mg
維生素 E	6 mg

作法 STEPS

1. 準備熟南瓜，秤重備用
2. 所有食材大塊切成適合烹煮的大小，秤重備用
3. 雞油熱鍋煎肉，利用滲出油脂炒熟所有食材，起鍋前加入鹽
4. 冷卻後加入魚油

依貓進食喜好及消化狀況調整食物顆粒大小，蔬菜類建議打碎食用。

營養分析 NUTRITION FACT

熱量	256 kcal
蛋白質	34 %
脂肪	51 %
總碳水化合物	13 %
一膳食纖維	4 %
灰份	2 %
鈉	0.36 %
鈣質	0.37 %
一鈣磷比	1.12
磷（腎病控制量）	0.32 %

＊乾物分析

氮血症 & 高血磷 雞肉食譜 代謝熱量

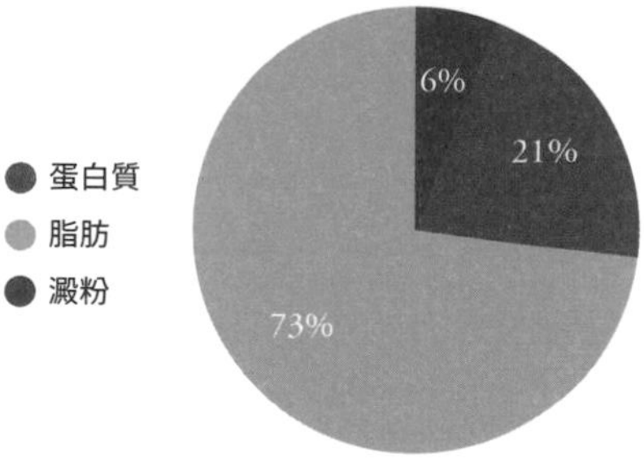

解析：

菜單中的磷含量壓低在 0.32% DM 分析，蛋白質量在 34%，含充足 EPA 與 DHA，且 Omega 脂肪酸比例 ω6：ω3 ＝ 1.37：1

適合氮血症與高血磷的腎病貓食譜

牛肉版本

本份量含 261 kcal ／熱量密度 =1.33 kcal/g

食材 INGREDIENT

菲力牛排，生重	50 g
雞蛋，生重，均勻蛋液	15 g
蚵仔，生重	8 g
小白菜，生重	30 g
玉米筍，生重	45 g
胡蘿蔔，削皮，生重	30 g
固態奶油，無鹽	12 g
魚油	3 g
含碘食鹽	0.1 g

添加營養品

鈣	120 mg
鋅	15 mg
維生素 E	6 mg

作法 STEPS

1. 滾水燙熟玉米筍
2. 其他食材大塊切成適合烹煮的大小，秤重備用
3. 奶油熱鍋煎肉，利用滲出油脂炒熟所有食材，起鍋前加入鹽
4. 冷卻後加入魚油

依貓進食喜好及消化狀況調整食物顆粒大小，蔬菜類建議打碎食用。

營養分析 NUTRITION FACT

熱量	261 kcal
蛋白質	34 %
脂肪	47 %
總碳水化合物	15 %
—膳食纖維	5 %
灰份	4 %
鈉	0.34 %
鈣質	0.42 %
—鈣磷比	1.12
磷（腎病控制量）	0.39 %

* 乾物分析

氮血症 & 高血磷 牛肉食譜 代謝熱量

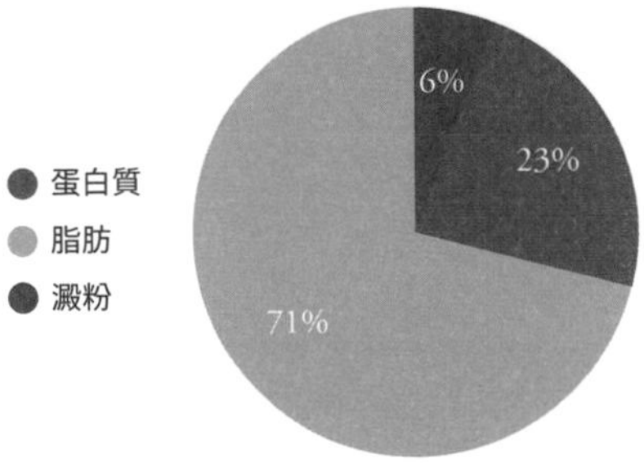

適合氮血症與高血磷的腎病貓食譜

鮭魚版本

本份量含 244 kcal／熱量密度 =1.46 kcal/g

食材 INGREDIENT

鮭魚，油脂少的部位，生重	35 g
雞蛋，生重，均勻蛋液	30 g
鱈魚肝，無調味罐頭，瀝油	5 g
絲瓜，去皮，生重	20 g
豌豆苗，生重	25 g
番茄，生重	40 g
固態奶油，無鹽	10 g
含碘食鹽	0.2 g

添加營養品

鈣	150 mg
鋅	12 mg
維生素 E	4 mg

作法 STEPS

1. 豌豆苗秤重後汆燙瀝乾
2. 其他食材大塊切成適合烹煮的大小，秤重備用
3. 奶油熱鍋煎肉，利用滲出油脂炒熟所有食材（除鱈魚肝以外），起鍋前加入鹽
4. 冷卻後加入鱈魚肝

依貓進食喜好及消化狀況調整食物顆粒大小，蔬菜類建議打碎食用。

營養分析 NUTRITION FACT

熱量	244 kcal
蛋白質	34 %
脂肪	52 %
總碳水化合物	10 %
—膳食纖維	3 %
灰份	4 %
鈉	0.39 %
鈣質	0.48 %
—鈣磷比	1.10
磷（腎病控制量）	0.43 %

* 乾物分析

氮血症 & 高血磷 鮭魚食譜 代謝熱量

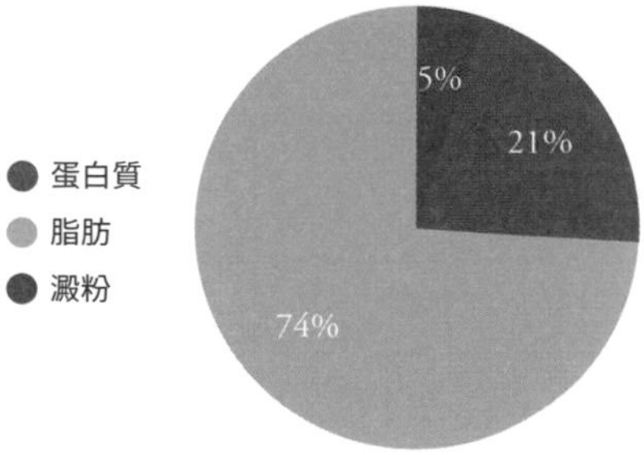

適合氮血症與高血磷的腎病貓食譜

鮪魚版本

本份量含 247 kcal／熱量密度 =1.43 kcal/g

食材 INGREDIENT

鮪魚，水煮鮪魚片罐頭	50 g
胡蘿蔔，去皮，生重	20 g
青江菜，生重	50 g
秀珍菇，生重	15 g
海帶，生重	15 g
雞油	18 g
魚油	2 g

添加營養品

鈣	90 mg
鋅	15 mg
維生素 E	6 mg

作法 STEPS

1. 水煮鮪魚片罐頭瀝乾秤重
2. 其他食材大塊切成適合烹煮的大小，秤重備用
3. 雞油熱鍋，炒熟所有食材，起鍋前加入鮪魚片攪拌
4. 冷卻後加入魚油

依貓進食喜好及消化狀況調整食物顆粒大小，蔬菜類建議打碎食用。

營養分析 NUTRITION FACT

熱量	247 kcal
蛋白質	35 %
脂肪	51 %
總碳水化合物	10 %
—膳食纖維	6 %
灰份	4 %
鈉	0.36 %
鈣質	0.39 %
—鈣磷比	1.00
磷（腎病控制量）	0.39 %

＊乾物分析

氮血症 & 高血磷 鮪魚食譜 代謝熱量

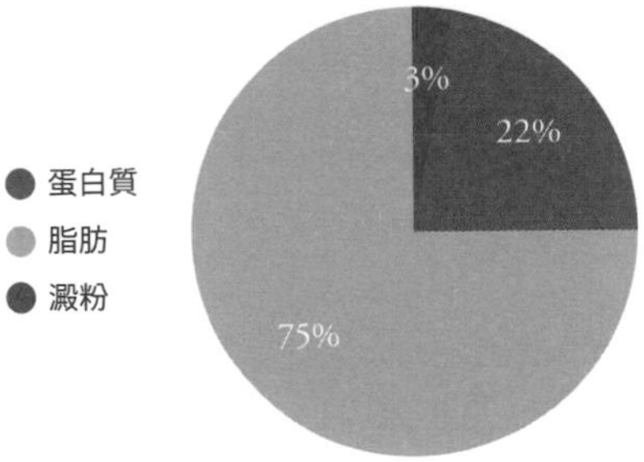

3-6

適合高血壓的腎病貓食譜

牛肉版本

本份量含 252 kcal／熱量密度 =1.47 kcal/g

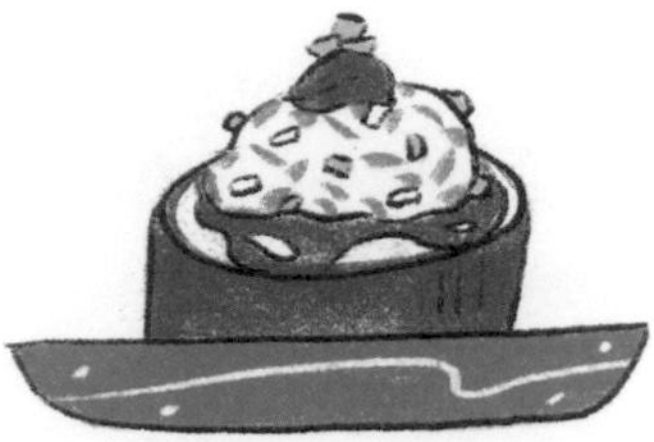

食材 INGREDIENT

牛腿肉，生重	55 g
雞蛋，生重，均勻蛋液	20 g
鱈魚肝，無鹽罐頭	2 g
蘿美萵苣，生重	20 g
綠櫛瓜，去皮，生重	35 g
綠豆芽，生重	20 g
動物性奶油，無鹽	16 g
魚油	2 g
含碘食鹽	10～150 mg

添加營養品

鈣	150 mg
鋅	12 mg
維生素 E	6 mg

作法 STEPS

1. 蔬菜汆燙至七分熟後撈起，其他食材大塊切成適合烹煮的大小
2. 奶油熱鍋後煎放入牛肉、炒熟雞蛋，再混入蔬菜、鱈魚肝拌炒
3. 起鍋前加入鹽，冷卻後加魚油

依貓進食喜好及消化狀況調整食物顆粒大小，蔬菜類建議打碎食用。

營養分析 NUTRITION FACT

熱量	252 kcal
蛋白質	32 %
脂肪	52 %
總碳水化合物	12 %
—膳食纖維	2 %
灰份	4 %
鈉	0.21～0.33 %
鈣質	0.48 %
—鈣磷比	1.05
磷（腎病控制量）	0.46 %

* 乾物分析

氮血症 & 高血壓 牛肉食譜 代謝熱量

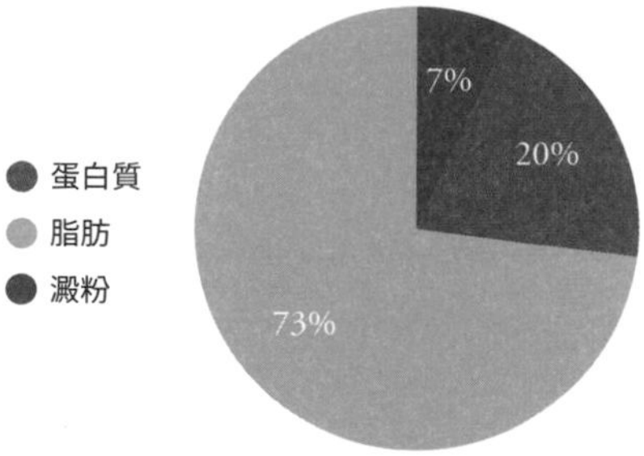

自行調整：

加入食鹽 10mg 時，食譜含 0.21% DM 鈉，食鹽 150mg 時含 0.33% DM 鈉。

適合高血壓的腎病貓食譜
豬肉版本
本份量含 256 kcal ／熱量密度 =1.43 kcal/g

食材 INGREDIENT

豬小里肌，生重	45 g
豬肝，生重	15 g
豬血，生重	10 g
嫩豆腐，生重	20 g
白蘿蔔，去皮，生重	35 g
冬瓜，去皮去籽，生重	35 g
豬油	16 g
魚油	2 g
含碘食鹽	50 ～ 150 mg

添加營養品

鈣	170 mg
鋅	15 mg
維生素 E	6 mg

作法 STEPS

1. 蒸熟冬瓜與白蘿蔔
2. 其他食材大塊切成適合烹煮的大小，秤重備用
3. 豬油熱鍋，炒熟所有食材，起鍋前加入鹽攪拌
4. 冷卻後加入魚油

依貓進食喜好及消化狀況調整食物顆粒大小，蔬菜類建議打碎食用。

營養分析 NUTRITION FACT

熱量	256 kcal
蛋白質	35 %
脂肪	53 %
總碳水化合物	9 %
—膳食纖維	3 %
灰份	3 %
鈉	0.21 ～ 0.30 %
鈣質	0.47 %
—鈣磷比	1.09
磷（腎病控制量）	0.43 %

＊乾物分析

氮血症 & 高血壓 豬肉食譜 代謝熱量

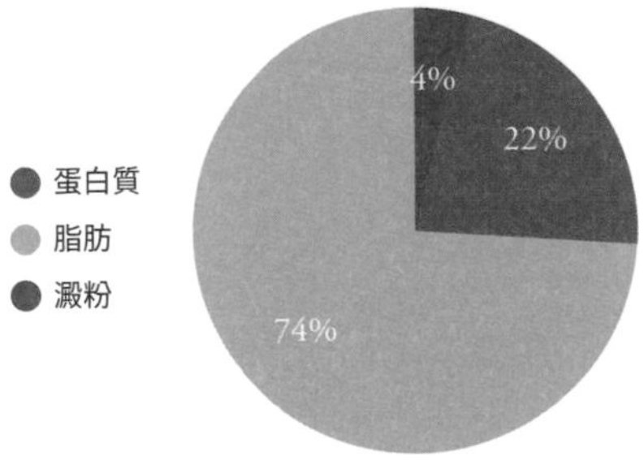

自行調整：

食鹽 50mg 時，食譜含 0.21% DM 鈉，食鹽 150mg 時含 0.3% DM 鈉。

適合高血壓的腎病貓食譜

低鈉食鯖魚版本

本份量含 280 kcal／熱量密度 =2.27 kcal/g

食材 INGREDIENT

鯖魚連皮，無鹽，生重	40 g
雞蛋，生重，均勻蛋液	25 g
雞肝，生重	12.5 g
花椰菜，葉蕊，生重	15 g
南瓜，去皮去籽，生重	10 g
冬瓜，去皮去籽，生重	20 g

添加營養品

鈣	250 mg
鋅	15 mg
維生素 E	6 mg

作法 STEPS

1. 鯖魚皮面向上放入烤箱，以 150 度烤熟，約 10 ～ 15 分鐘。
2. 其他食材大塊切成適合烹煮的大小，秤重後蒸熟

依貓進食喜好及消化狀況調整食物顆粒大小，蔬菜類建議打碎食用。

▲ 請仔細剔除魚刺

營養分析 NUTRITION FACT

熱量	280 kcal
蛋白質	36 %
脂肪	54 %
總碳水化合物	8 %
—膳食纖維	2 %
灰份	2 %
鈉	0.25 %
鈣質	0.65 %
—鈣磷比	1.08
磷（腎病控制量）	0.60 %

* 乾物分析

氮血症 & 高血壓 鯖魚食譜 代謝熱量

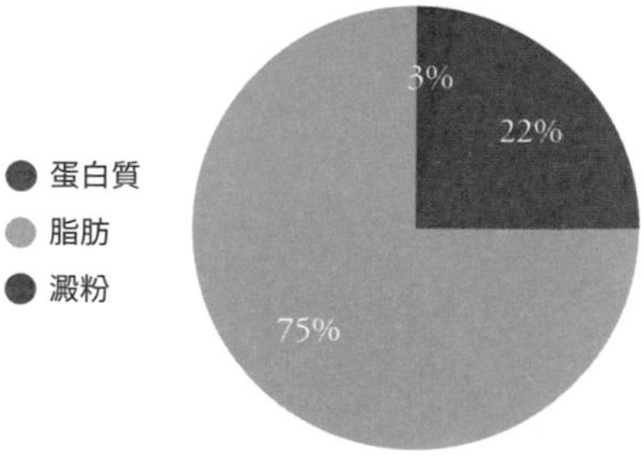

適合高血壓的腎病貓食譜

低鈉低磷鴨肉版本

本份量含 253 kcal ／熱量密度 =1.98 kcal/g

食材 INGREDIENT

鴨肉去皮，生重	40 g
雞蛋，生重，均勻蛋液	25 g
豬肝，生重	5 g
甜豆，含豆莢，去蒂去筋生重	10 g
筊白筍，去皮，生重	15 g
甜椒，去蒂去籽，生重	15 g
豬油	13 g
魚油	3 g
含碘食鹽	0.07 g

添加營養品

鈣	170 mg
鋅	15 mg
維生素 E	6 mg
維生素 A	330 IU

作法 STEPS

1. 蔬菜與豬肝汆燙後撈起，其他食材大塊切成適合烹煮的大小
2. 豬油熱鍋後煎放入鴨肉、豬肝、炒熟雞蛋，再混入蔬菜拌炒
3. 起鍋前加入鹽，冷卻後加魚油

依貓進食喜好及消化狀況調整食物顆粒大小，蔬菜類建議打碎食用。

營養分析 NUTRITION FACT

熱量	253 kcal
蛋白質	35 %
脂肪	49 %
總碳水化合物	13 %
—膳食纖維	4 %
灰份	3 %
鈉	0.23 %
鈣質	0.48 %
—鈣磷比	1.01
磷（腎病控制量）	0.47 %

* 乾物分析

氮血症 & 高血壓 鴨肉食譜 代謝熱量

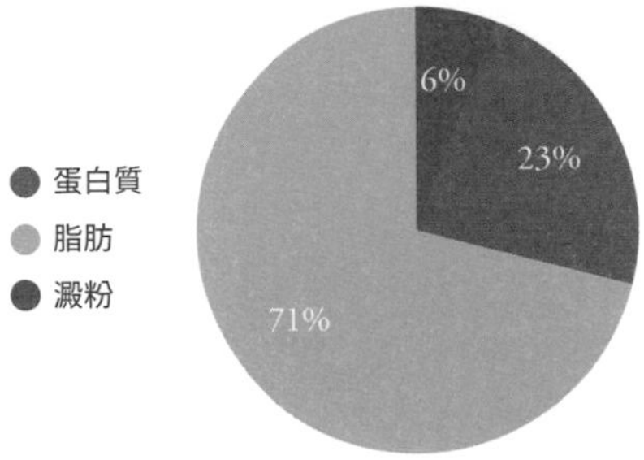

3-7

適合氮血症與貧血的腎病貓食譜——補鐵與葉酸！

羊肉＋內臟肉

本份量含 263 kcal／熱量密度 =1.64 kcal/g

食材 INGREDIENT

山羊肉，生重	45 g
豬血，生重	10 g
豬脾臟，生重	15 g
紫菜，乾燥紫菜重	4 g
地瓜葉，葉子部分，生重	30 g
冬瓜，去皮去籽，生重	35 g
豬油	16 g
魚油	3 g
含碘食鹽	0.15 g

添加營養品

鈣	100 mg
鋅	12 mg
維生素 E	7 mg

作法 STEPS

1. 紫菜秤重泡水，冬瓜蒸熟，其他食材大塊切成適合烹煮的大小
2. 豬油熱鍋後放入山羊肉、炒熟脾臟與豬血後後混入所有備料拌炒
3. 起鍋前加入鹽，冷卻後加魚油

依貓進食喜好及消化狀況調整食物顆粒大小，蔬菜類建議打碎食用。

營養分析 NUTRITION FACT

熱量	263 kcal
蛋白質	36 %
脂肪	50 %
總碳水化合物	10 %
—膳食纖維	6 %
灰份	4 %
鈉	0.36 %
鈣質	0.36 %
—鈣磷比	1.01
磷（腎病控制量）	0.35 %

＊乾物分析

氮血症 & 補血食譜 羊＋內臟 代謝熱量

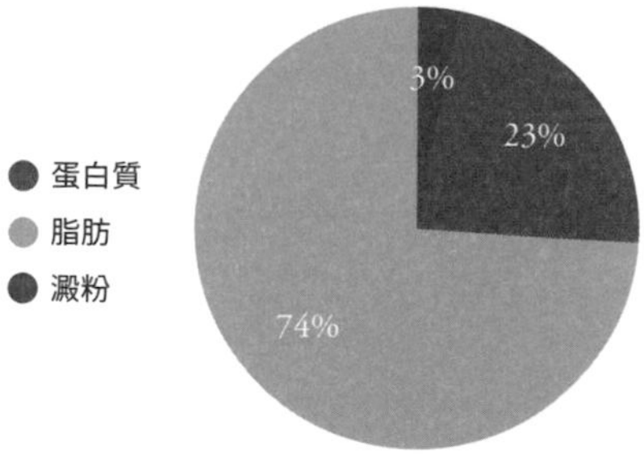

本餐的維生素 B6、B12、鐵和鎂，及幫助鐵吸收的維生素 C 都以自然食材補足，不必額外添加
如果暫時買不到豬脾臟，可以用豬腎（腰子）取代，添加的食鹽或其他補充品都不必改變，照一樣的分量加入即可。

適合氮血症與貧血的腎病貓食譜——補鐵與葉酸！

松坂豬＋內臟肉

本份量含 253 kcal／熱量密度 =1.70 kcal/g

食材 INGREDIENT

松坂豬，生重	45 g
豬血，生重	10 g
豬肝，生重	10 g
黑芝麻，乾燥重	4 g
花椰菜，葉菘，生重	30 g
綠豆芽，生重	35 g
豬油	10 g
魚油	3 g
含碘食鹽	0.2 g

添加營養品

鈣	100 mg
鋅	15 mg
維生素 E	6 mg

作法 STEPS

1. 花椰菜與綠豆芽汆燙後撈起，其他食材大塊切成適合烹煮的大小
2. 豬油熱鍋後放入肉與內臟炒至半熟後混入所有備料拌炒
3. 起鍋前加入鹽，冷卻後加魚油

依貓進食喜好及消化狀況調整食物顆粒大小，蔬菜類建議打碎食用。

營養分析 NUTRITION FACT

熱量	253 kcal
蛋白質	32 %
脂肪	53 %
總碳水化合物	12 %
—膳食纖維	4 %
灰份	3 %
鈉	0.34 %
鈣質	0.53 %
—鈣磷比	1.16
磷（腎病控制量）	0.45 %

＊乾物分析

氮血症 & 補血食譜 豬肉＋內臟 代謝熱量

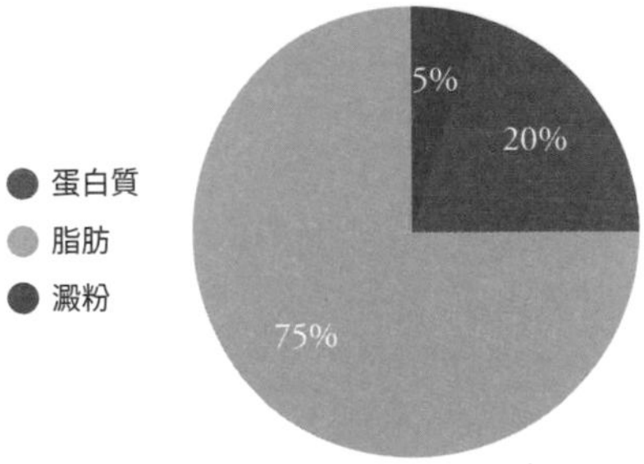

自行調整：

加入食鹽 50 mg，鈉含量 0.21 %；加入食鹽 150 mg，鈉含量 0.30 %

本餐的維生素 B6、B12、鐵和鎂以及幫助鐵吸收的維生素 C 都以自然食材補足，不必額外添加

3-8
適合腸胃不適或減肥狀態的腎病貓低脂食譜
雞胸肉版本

本份量含 233 kcal／熱量密度 =1.09 kcal/g

食材 INGREDIENT

雞胸肉，去皮，生重	40 g
雞蛋，生重，均勻蛋液	30 g
雞心，生重	15 g
小白菜，生重	60 g
胡蘿蔔，去皮，生重	30 g
蘋果，去皮去籽，生重	25 g
雞油	8 g
魚油	2 g
含碘食鹽	0.1 g

添加營養品

鈣	120 mg
鋅	15 mg
維生素 E	6 mg
維生素 B 群	依照貓用商品標籤

作法 STEPS

1. 胡蘿蔔蒸熟，蔬菜與雞心汆燙後撈起，其他食材大塊切成適合烹煮的大小
2. 雞油熱鍋後放入雞胸肉、炒熟雞蛋，再混入所有備料拌炒
3. 起鍋前加入鹽，冷卻後加魚油

依貓進食喜好及消化狀況調整食物顆粒大小，蔬菜類建議打碎食用。

營養分析 NUTRITION FACT

熱量	233 kcal
蛋白質	39 %
脂肪	38 %
總碳水化合物	18 %
—膳食纖維	6 %
灰份	5 %
鈉	0.39 %
鈣質	0.51 %
—鈣磷比	1.01
磷（腎病控制量）	0.50 %

* 乾物分析

氮血症 & 低脂 雞胸肉食譜 代謝熱量

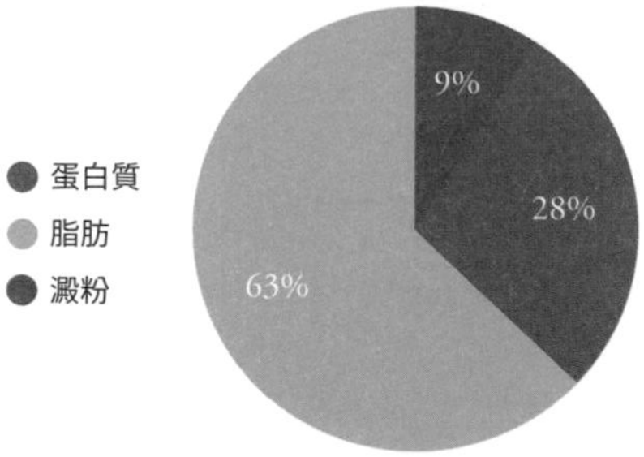

適合腸胃不適或減肥狀態的腎病貓低脂食譜

牛腿肉版本

本份量含 231 kcal ／熱量密度 =1.40 kcal/g

食材 INGREDIENT

牛腿肉，低油花，生重	55 g
雞蛋，生重，均勻蛋液	30 g
豬肝，生重	5 g
紫菜，乾燥紫菜重	5 g
茄子，去蒂，生重	35 g
苜宿芽，生重	20 g
動物性奶油，無鹽	10 g
魚油	2 g

添加營養品

鈣	200 mg
鋅	10 mg
維生素 E	7 mg

作法 STEPS

1. 紫菜、茄子、苜宿芽和豬肝汆燙後撈起，其他食材大塊切成適合烹煮的大小
2. 奶油熱鍋後放入牛腿肉、炒熟雞蛋，再混入所有備料拌炒
3. 起鍋前加入鹽，冷卻後加魚油

依貓進食喜好及消化狀況調整食物顆粒大小，蔬菜類建議打碎食用。

營養分析 NUTRITION FACT

熱量	231 kcal
蛋白質	38 %
脂肪	39 %
總碳水化合物	19 %
—膳食纖維	6 %
灰份	4 %
鈉	0.32 %
鈣質	0.57 %
—鈣磷比	1.00
磷（腎病控制量）	0.57 %

* 乾物分析

氮血症 & 低脂 牛腿肉食譜 代謝熱量

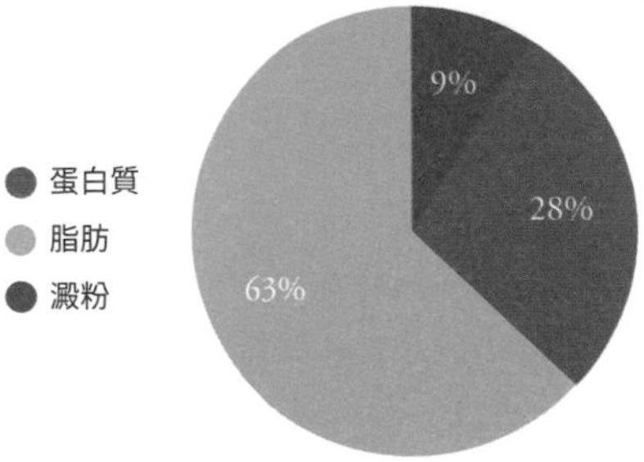

3-9
適合嚴重氮血症的腎病貓食譜——超低蛋白質含量！
鱈魚版本

本份量含 260 kcal／熱量密度 =1.42 kcal/g

食材 INGREDIENT

鱈魚，生重	55 g
雞心，生重	15 g
芭樂，生重	25 g
甜椒，剖心去籽，生重	35 g
秀珍菇，生重	40 g
雞油	7 g
魚油	3 g
含碘食鹽	0.2 g

添加營養品

鈣	130 mg
鋅	15 mg
維生素 E	5 mg
維生素 B 群	依照貓用商品標籤
維生素 A	350 IU

作法 STEPS

1. 所有食材大塊切成適合烹煮的大小
2. 雞油熱鍋後放入鱈魚和內臟炒至半熟，再混入所有食材拌炒（芭樂稍微炒過就好）
3. 起鍋前加入鹽，冷卻後加魚油

依貓進食喜好及消化狀況調整食物顆粒大小，蔬菜類建議打碎食用。

▲ 請仔細剔除魚刺

營養分析 NUTRITION FACT

熱量	260 kcal
蛋白質	28 %
脂肪	52 %
總碳水化合物	17 %
—膳食纖維	6 %
灰份	3 %
鈉	0.29 %
鈣質	0.34 %
—鈣磷比	1.04
磷（腎病控制量）	0.33 %

* 乾物分析

極低蛋白鱈魚食譜 代謝熱量

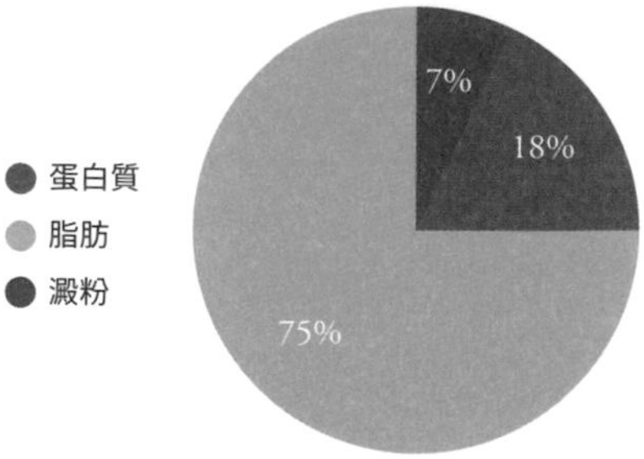

註記：

一旦調低整份食物中的蛋白質比例，相對的，脂肪和碳水化合物的分量就會取而代之的上升，所以低蛋白質飲食只能暫時用在驗血檢查發現 BUN 驟升的貓身上；而且，貓咪身體狀態必須是可以吃高脂肪、高纖維食物的。

有些貓會因為突然吃得太油而消化不適，在餵食高脂肪食物時，建議先少量試試貓咪反應，在沒有不舒服、排便狀況良好的情況下，才能安心真正運用低蛋白食譜。

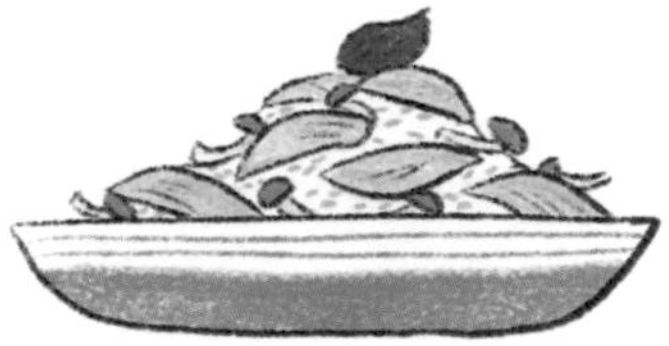

適合嚴重氮血症的腎病貓食譜 ——超低蛋白質含量！

梅花豬版本

本份量含 236 kcal／熱量密度 =1.10 kcal/g

食材 INGREDIENT

豬梅花肉，生重	45 g
鱈魚肝，無鹽罐頭	2 g
豬腦，生重	10 g
小白菜，生重	50 g
空心菜，生重	50 g
鴻喜菇，可食部位生重	50 g
魚油	3 g
含碘食鹽	0.1 g

添加營養品

鈣	100 mg
鋅	12 mg
維生素 E	6 mg

作法 STEPS

1. 所有食材大塊切成適合烹煮的大小，菇類與菜汆燙至半熟撈起
2. 豬梅花下鍋乾炒，滲出油脂後放入豬腦炒至半熟，再混入所有食材拌炒（鱈魚肝最後加入，稍微炒過就好）
3. 起鍋前加入鹽，冷卻後加魚油

依貓進食喜好及消化狀況調整食物顆粒大小，蔬菜類建議打碎食用。

營養分析 NUTRITION FACT

熱量	236 kcal
蛋白質	28 %
脂肪	51 %
總碳水化合物	16 %
—膳食纖維	8 %
灰份	5 %
鈉	0.35 %
鈣質	0.52 %
—鈣磷比	1.06
磷（腎病控制量）	0.49 %

＊乾物分析

極低蛋白豬肉食譜 代謝熱量

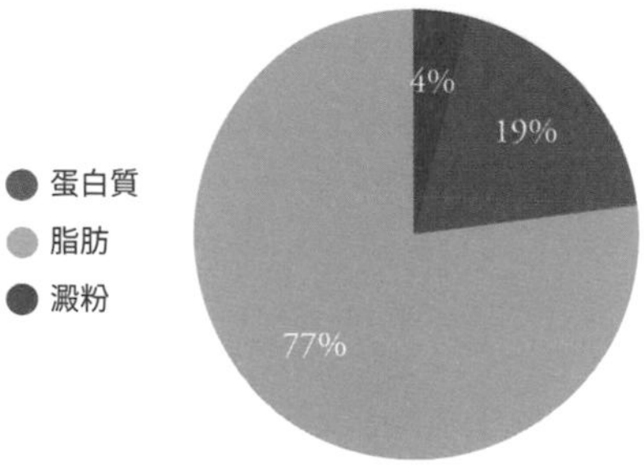

註記：

一旦調低整份食物中的蛋白質比例，相對的，脂肪和碳水化合物的分量就會取而代之的上升，所以低蛋白質飲食只能暫時用在驗血檢查發現 BUN 驟升的貓身上；而且，貓咪身體狀態必須是可以吃高脂肪、高纖維食物的。

有些貓會因為突然吃得太油而消化不適，在餵食高脂肪食物時，建議先少量試試貓咪反應，在沒有不舒服、排便狀況良好的情況下，才能安心真正運用低蛋白食譜。

Part 4

寫在書末，照顧腎貓的小技巧與生活藍圖

意外發現貓咪罹患腎臟病後，很多家長開始積極照顧貓咪的生活起居，可是常常會碰到貓咪不配合的狀況，這裡有些照護上的小技巧，有需要的時候可以照著做、試試看喔！

技巧1、食慾不振的對策

平凡中來點變化 Some Changes

換份菜單，或改變烹調方式；不同的烹煮技法，造就不同的饗食體驗，在人如此，在貓亦是。同樣的食譜，大家可以嘗試不一樣的作法、食材切塊的大小可以調整、水分少一點或多一點，口感要迎合貓咪喜好，無論軟爛溫潤或顆粒、塊狀，些微改變都能帶給貓耳目一新的感覺。

許多貓有特別習慣的肉類氣味，如果你參照我書中的某份食譜而貓咪很喜歡，但有天卻發現貓忽然有點厭倦日復一日的菜色時，請別客氣對食譜做點調整，我猜想，只要你把蒸煮的方式改成煎炒或烘烤，雖是相同的氣味基調（貓必定喜愛的肉），你的貓卻可以品嚐出不同烹飪技法帶來的全新感受。

美味加料 Add Some Flavors

加料，為的是能享受多點不同的香氣層次，改變調味、微調餐點的氛圍，像是加了濾鏡的照片一樣。你可以灑一點點起司粉、鰹魚粉、雞肉粉（將雞肉烤熟後烘乾，再打磨成粉）或是貓香草，就像幫貓飯加了香香的肉鬆，在許多食慾廢絕貓咪身上，都可以看到效果。

不過，由於這些香濃的肉粉、起司粉多半都含有高磷、高蛋白，對於腎病貓的病況控制並不是非常恰當，除非是緊要關頭，碰上貓咪什麼也不吃多的窘境，才允許稍微加一點點少量的氣味，只為了讓貓願意進食，避免挨餓成病。

一旦貓重新開始主動進食，就應該避免這類添加物，完全以原本為腎病設計好的正餐作主食才行。

食慾促進劑 Appetite Stimulants

別忘了醫生永遠是你的後盾，當你嘗試了前兩種居家調整方式，但貓仍舊拒絕你準備的食物，為了避免飢餓釀災（餓太久的貓可能會突然得到嚴重脂肪肝），請帶著貓到醫院請醫師幫忙看看。

小心為上的話，最好還是替貓做個檢查，有時可不只是食慾不好這麼單純，腎病是否正在惡化？還是出現了其他問題？保險起見，抽血、拍X光或安排超音波確認一下，都是必要的。

確認過貓咪狀況以後，針對發現的問題做治療，或是生活習慣的調整，適時請醫師開立食慾促進劑，在做什麼都無法讓貓自己願意吃飯的狀況下，暫時借助於食慾促進劑也是種好選擇。

經口灌食 Force Feeding

為了讓貓不要把自己餓出病來，必要時請耐心陪伴貓咪進食。經口灌食在某些家庭可行，但某些特別倔強的貓可能不太適合，必須自行斟酌。

在貓還不願意自己吃飯的時候，可以試著將食物摻點溫水，調和成方便針筒抽吸起來的濃度，然後從貓咪嘴巴側邊——犬齒後方的空隙——小心的滴在貓的口中，餵食用的針筒可以在動物醫院購買。

不論是本書中的鮮食、醫院建議的處方罐頭，只要適合貓咪現在的狀態，都能使用。經口灌食需要耗費許多心思與時間，灌得太急貓容易噁心反胃，必須慢慢的、動作輕柔的一點點將食物注入貓咪嘴裡；也因為這個方法必須非常緩慢的進行，要餵足貓咪一天需要的熱量得花費大量的時間，並非每位家長都能夠辦到，而長期下來，有些貓咪會比人更容易感到不耐煩。

為了順利餵飯，還必須跟貓追逐打鬥一番，對人與貓來說，生活品質可能會更糟糕，因此這個方法在某些時候並不那麼適合長期照護。暫時的還好，長期下來還是期盼貓能盡快恢復自行進食。

餵食管 Feeding Tube

對那些長期食慾不振的貓而言，裝設食道餵管，事實上會是比經口灌食更好的照護方式。不需像經口灌食一樣小心翼翼，生怕惹貓咪不開心，也不必擔心操之過急讓貓作嘔或嗆到，經餵食管餵食貓咪高能量液態食物，可以是非常優雅而有效率的人工餵食方式。

請替貓想一想，要是長期不願自己進食終將致死，經口灌食又無法長年妥善滿足每日熱量，那麼，請告訴醫生你希望幫貓裝設食道餵管。裝設食道餵管的手術很快，只是得趁貓身體狀況還撐得過麻醉的時候及早進行，經過檢查後替貓安排最佳的麻醉方式與用藥，在麻醉前檢查與準備程序完成後，只需要幾分鐘的時間，外科醫師就能幫貓裝好餵管，可以說是相當安全的小手術。

常見餵食管分成經由食道穿入的「食道餵管」，或是經鼻孔的「鼻餵管」，兩種方式都能幫助食慾不振的貓。不過相較之下，鼻餵管的不舒適感其實大於食道餵管；同時，因為貓的鼻孔很小，所以能裝的鼻餵管管徑也非常細，不像食道餵管可以又粗又寬，所以鼻餵管相當容易阻塞，通常撐不了太久，就會因為阻塞而必須重裝一條。

因此，很多人使用鼻餵管大多是在貓咪身體狀況不適合麻醉的時候，不得不的一種退而求其次的選擇。食道餵管因為管徑較大，從食道開個小洞插入，對貓咪而言相對不會有太多不舒服的感覺，開完刀過一陣子也不會痛，管徑較大的食道餵管又能比較快餵完貓咪每餐需要的分量、不易阻塞，這樣的特性使得食道餵管成為長期照護食慾不振病貓的優秀工具。

很多時候，在主人積極灌食、給

足貓咪營養一段時間後，貓咪身體狀況稍微恢復就會開始想自己吃飯，這時就能移除餵食管，恢復原本的生活。

餵食管使用方法

1. 將要餵食分量的液體食物溫熱、準備一杯 30ml 左右的溫開水
2. 打開餵食管蓋子，慢慢推入約 3 ～ 5ml 溫開水，測試看看管子順不順、有沒有阻塞
3. 確認管子通暢後，以非常緩慢的速度將液體食物灌入餵食管內，每推 5 ～ 10ml 就稍作休息，大約花 30 分鐘時間耐心餵完一餐分量
4. 最後灌入 10 ～ 20ml 溫開水，這個動作像是在潤洗餵食管一樣，記得務必緩慢，避免灌太快貓咪可能會嘔吐，有嗆到的危險
5. 整個過程都需觀察貓咪是否有噁心反胃的樣子，如果有噁心的感覺就必須更少分量、更緩慢的灌食
6. 每天觀察餵管插入位置的皮膚有無異常滲出液，如果沒有，不需特別擦藥膏，發現沾到髒污可以用棉花棒沾生理食鹽水擦拭乾淨

* 如果發現貓咪嘔吐頻率增加、傷口化膿、呼吸急促或者呼吸時有異常聲音，請盡快帶到醫院請醫師幫忙檢查

全腸道外營養 Total Parental Nutrition（真正的營養針）

我常碰到很多主人一到醫院就問：「醫生，我的貓都不吃，你能不能給他打營養針？」我明白這句話是出於對貓的關心，但在我心情不好的時候，我真的很常被其中隱藏的許多誤解惹到哭笑不得。

真正所謂的「營養針」，並不能隨便打在動物身上，若動物只是一時半刻不進食，經口餵食和裝餵食管會比直接打營養針來得更好。因為如果真的只倚靠點滴將大量的、高濃度的蛋白質、脂肪、糖分、維生素與礦物質這些「真正的營養素」打進血管中而不經過腸子吸收，久了之後腸道上皮密布的絨毛將會萎縮、凋亡，反而會讓貓咪更加不可能恢復自主進食的正常生活。

經血管打入營養的方式，只用於真正虛弱、真正急用的貓，這不能說打就打，也不是什麼很好的方法，而是用於救急。大量的、高濃度的營養濃濃稠稠、油油膩膩，打進血管中，長期對血管也是一種負擔。

除非到最後一步，你的醫生不會貿然建議你採用血管點滴來供應貓咪營養。

技巧2、喝水大作戰

引誘喝水的小訣竅

1. 使用不會反光的容器
2. 使用大的、寬廣的容器
3. 放水的容器離食物遠一點
4. 確保水碗出現在家中多個絕佳的地點：貓咪躲藏的基地、遠離貓砂盆的位置、每個樓層都放水
5. 試試不同來源的水：瓶裝水、過濾水、煮沸的自來水、蒸餾水
6. 有的貓喜愛冰涼的水，試著在水中加一顆冰塊看看
7. 替飲水加點風味：摻點肉湯、鮮魚湯、乳品，記得要非常稀釋
8. 製作帶有鮮味（肉湯、魚湯和乳品）的冰塊，放在家中各個角落
9. 故意讓水龍頭滴水，但要注意定期清潔及水的衛生品質

資料來源：《熟齡貓的營養學：365 天的完善飲食計畫、常備餐點與疾病營養知識，讓你和親愛的貓咪一起健康生活、優雅老去》，Dr.Ellie 著

技巧3、食物轉換計畫 Food Transferring Plan

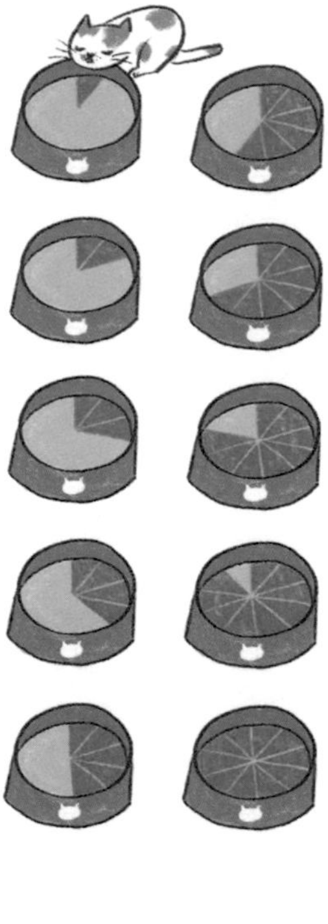

食物轉換計畫 Food Transferring Plan

第一天：原本食物 9:1 新食物
第二天：原本食物 8:2 新食物
第三天：原本食物 7:3 新食物
第四天：原本食物 6:4 新食物
第五天：原本食物 5:5 新食物
第六天：原本食物 4:6 新食物
第七天：原本食物 3:7 新食物
第八天：原本食物 2:8 新食物
第九天：原本食物 1:9 新食物
第十天：原本食物 0:10 新食物

皮下點滴操作技巧

1. 佈置好打點滴的環境與器材：貓咪安心舒服的位置、點滴袋、延長管、三向接頭、針筒、針頭、酒精棉幾顆
2. 一個人抱著貓，並不斷安撫貓，另一個人負責操作，請先將針筒抽滿點滴液
3. 操作者：輕輕提起貓背上的皮膚，撐起一個帳篷狀的三角形區域，用酒精棉消毒這個區域（用酒精棉邊擦邊把毛盡量往四周撥開）
4. 入針時要果斷、快速才不會痛（越猶豫動作越慢，對皮膚的拉扯越大，貓咪會較痛），抱貓者此時請大力撫摸貓咪喜歡的位置（例如頭部），以轉移貓咪注意力
5. 操作者：將針插入皮膚內，馬上回抽針筒，觀察回抽的時候是不是負壓？有沒有血被抽回來？請注意必須要是負壓狀態（負壓表示沒有戳穿、沒有戳進肺裡）、沒有血液（沒有碰巧戳進血管裡）出現在針頭回抽的管路尖端
6. 確認完畢，才開始將點滴打入貓咪皮下
7. 打完所需的量後，快速將針抽出來，然後用新的酒精棉壓住出針的位置 3 分鐘後放開，觀察皮膚有無出血，如果有滲出血就再加壓止血 3~5 分鐘直到完全止血。（如果流血不止就一定有問題，請立刻聯絡醫院）

透視腎貓的未來生活1

定期回診，規律生活

在腎病貓病況不穩的初始期，請與醫師討論，替貓咪安排合適的回診時間，初期一般來說是三天到兩週不等，視貓咪狀況而定。

每一次的回診，預計會安排相關檢查來觀察貓咪是否病況趨緩，醫生可能會請你幫忙收集貓咪的尿液帶回醫院化驗，如果可以，請帶著貓咪的居家照護觀察日記（請參P.138學習幫貓寫觀察日記，並搭配附錄中提供的「貓咪觀察日記」範本），將清楚的照顧紀錄拿出來跟醫生討論。像是貓咪每天喝了多少水？家長打點滴是否碰到困難？引誘貓咪喝水是否順利？水的部分還有什麼需要調整的地方？體重與體態變化？貓的進食狀況怎麼樣？精神、排尿頻率、尿量和顏色？是否有嘔吐或拉肚子的現象等等，這些居家觀察都非常重要，請把觀察結果和照顧上碰到的問題記錄下來，定期回到醫院和醫生討論。

在初期，醫生和家長需要花比較多的時間交換資訊、慢慢互相深入了解，取得照顧者與貓的生活平衡。隨著貓咪的病況穩定下來，回診週期就能拉長，從每隔幾天就要回診一次，變成兩週一次，慢慢變成每月一次，最佳狀態是兩到三個月回診一次。

規律生活
固定時間餵飯、固定時間吃藥打點滴或者餵水、固定時間測量尿量、減少生活變動、固定時間回醫院檢查追蹤複診。

透視腎貓的未來生活2
腎病貓的平均餘命

我想與各位分享這份研究，也許閱讀上較為不舒適，但我認為各位有必要知道當貓確診慢性腎病後，一般而言貓咪的平均餘命是多久的事實。

該研究主要探討自然發生慢性腎病的貓咪，不包含那些因中毒、其他疾病（心臟病、結石、糖尿病、感染……等其他問題）繼發慢性腎病的貓，從診斷分期開始回溯病患存活時間。

這份研究顯示IRIS慢性腎病第二期以上貓病患的壽命，隨著分期越高、併發症越多而減短。閱讀以下研究結果，各位將更能體會，並獲得與貓咪一同奮戰的勇氣。早期察覺貓咪病況，早期診斷出慢性腎病，並積極對抗、控制貓的併發症狀，將對腎病貓帶來極大幫助，讓貓咪能陪伴家人更久，活得更舒適愉快。

各分期中出現以下症狀時	存活時間
體重減輕	401 天（最長 601 天）
Creatinine ＞4.0 mg/dL	123 天（最長 424 天）
貧血（PCV<25%）	100 天（最長 186 天）
超過 25% 體重流失	83 天（最長 194 天）
Creatinine＞5.0 mg/dL	44 天（最長 97 天）

* 以上根據 IRIS 分期做追溯研究文獻來自：Boyd, L. M., Langston, C., Thompson, K., Zivin, K., & Imanishi, M. (2008). Survival in cats with naturally occurring chronic kidney disease (2000–2002). Journal of veterinary internal medicine, 22(5), 1111-1117.

IRIS 第 2 期：平均餘命 1151 天（3 年），最長存活時間 3107 天（8.5 年）

IRIS 第 3 期：平均餘命 778 天（2 年），最長存活時間 2100 天（5.8 年）

IRIS 第 4 期：平均餘命 103 天（3個多月），最長存活時間 1920 天（5.3 年）

註：初次檢查當下立即判斷 IRIS 分期，容易錯估分期，應根據平均多次檢查之後再以平均結果分期，較有顯著指標性意義

在各分期中，左表這些造成貓存活壽命低於平均的不良因子，均會降低存活壽命，此外，BUN 上升、脫水程度高、低白蛋白血症、蛋白尿、血磷持續過高，也是造成貓咪低於平均期死亡的風險因子。

最後，補充另一份來自英國第一線動物醫院（地方診所）的研究，將腎病貓咪概略分為三種族群探討存活時間，其中明確顯示，未經過積極醫治的狀態下，貓咪的存活壽命受到嚴重威脅。

三種慢性腎病貓的族群	存活時間
無臨床症狀的腎病貓	397 天（最長 1272 天）
尿毒症貓	313 天
末期腎病貓 * 未接受積極醫治的狀態下	少於 21 天

* 資料來源：Elliot J, Barber PJ. Feline chronic renal failure: Clinical find- ings in 80 cases diagnosed between 1992 and 1995. J Small Anim Pract 1998;39:78–85.

透視腎貓的未來生活3
即將問世的貓咪腎病新藥介紹
未來的急性腎損傷治療——
早期 AIM 注射

日本東京大學宮崎徹教授，在1999年研究時發現了實驗動物血液中的特殊蛋白質AIM（Apoptosis Inhibitor of Macrophage），證實這種蛋白質在腎臟發炎時，會發揮作用，幫助腎小管上皮細胞清除那些掉落在腎小管內，因為腎臟受損而死亡脫落的細胞，避免壞死的細胞塞在腎小管中影響腎臟功能，讓腎臟通道堵塞而無法排出毒素，因而有效阻止進一步的腎臟惡化*。

這份研究在2016年1月發表，受到日本國內臨床獸醫的矚目，獸醫與宮崎教授討論後特別針對貓咪AIM進行研究，結果卻出乎意料之外的發現，貓體內的AIM蛋白雖比人類與老鼠多，但卻難以在貓咪腎臟受損的時刻被釋放進入腎小管中幫助清除壞死細胞，因此相較於同屬於腎臟受損傷的人、老鼠具備優秀的自癒能力，貓的腎臟很難靠自己的力量清除那些堵在腎小管中的細胞屍體，這份研究進一步揭開了貓為什麼相較於其他動物，更容易從急性腎損傷，走向慢性腎病的不歸路。

好消息是，根據東京大學宮崎教授的研究**，雖然貓血中的AIM無法發揮效用，但只要經由注射人工合成的活化型AIM，貓的腎臟一樣可以啟動清除堵塞廢物的復原機制，降低腎臟因為急性受損而釀成永久傷害的發生機率。也就是說，那把解除危機的鑰匙，貓雖沒有握在手中，但透過注射活化型AIM蛋白，我們可以人工打造一把鑰匙，幫貓開啟新的一扇窗。

這個好消息從2016年10月發表至今，東大團隊與民間企業合作，已找到可行方

---

*Arai, S., Kitada, K., Yamazaki, T., Takai, R., Zhang, X., Tsugawa, Y., ... & Doi, K. (2016). Apoptosis inhibitor of macrophage protein enhances intraluminal debris clearance and ameliorates acute kidney injury in mice. Nature medicine, 22(2), 183.

**Sugisawa, R., Hiramoto, E., Matsuoka, S., Iwai, S., Takai, R., Yamazaki, T., ... & Arai, T. (2016). Impact of feline AIM on the susceptibility of cats to renal disease. Scientific reports, 6, 35251.

式進行大量的 AIM 製造，並可望於 2020 年完成臨床實驗並在日本獲准上市，相信不久的將來，台灣也能運用在拯救急性腎損傷貓咪的治療上。

新慢性腎病治療用藥——

2017 年 4 月，Toray 東麗株式會社宣布新開發的貓腎臟藥物——「Rapros®」已在日本核准上市，由於貓慢性腎病會逐漸由初期的發炎發展成腎臟組織纖維化，纖維化的腎臟組織更難以獲得良好的血液灌流，腎臟像是長滿蜘蛛網的房間一樣密不透風，變成一種無可挽回的惡性循環，纖維化的過程，加速了腎毒素的累積與腎臟的衰亡。

新藥 Rapros® 的設計主要是企圖阻止腎臟纖維化，幫助腎臟獲得良好灌流，延緩腎臟步上死亡的路。事實上 Rapros® 就是前列腺環素（Prostacyclin, PGI2），在身體內負責使血管擴張、抗凝血的一種激素，在過去常用來治療其他特定疾病，像是肺高壓（幫助肺臟血管擴張，達到降低血管壓力的效果）。

簡而言之，這款新藥就如同過去用在治療肺高壓一樣，希望以此功能擴張腎臟血管，達到增加腎臟血液灌流的功能，卻不能改善這些已經纖維化腎臟的現況，只求腎臟不要繼續快速惡化而已。拿方才長滿蜘蛛網的房間來比喻，就好像是暫時不管那些蜘蛛網，先趕緊將窗戶開得大一點，稍微幫助房間通風卻無法根治問題。

不過，新藥的問世仍是貓慢性腎病控制的福音，至少我們多了一種方式延緩腎臟病程的進展，在早期發現罹患腎病的貓而言，有望大幅延長壽命。目前此藥尚未引進台灣，不過隨著日本上市，進入台灣的時程指日可待。

腎病貓照護者必須抱持的正確心態與勇氣

1 了解自己貓咪的喜好與習慣
2 與醫師討論最舒適的居家照顧方法
3 和貓一起提昇幹勁
4 思考生命價值與尊嚴
5 放手的勇氣

最近平均每天排尿狀況 ——尿量(g) ——尿色	
最近排便狀況 ——形狀 ——糞便量 ——顏色	
最近食物 ——食譜參考來源 ——食物商品名稱 ——主食 ——配菜 ——零食 ——飲食喜好	
最近食慾(g)	
每日熱量(kcal)	
最近每日喝水量 c.c. ——食物中水量 c.c. ——自主飲水水量 c.c.	
最近每天人工補水狀況 ——皮下補水量 c.c. ——人工餵水量 c.c.	
下次回診日期	
下次回診 **要跟醫生討論的事**	
備註	

貓咪觀察日記

基本資料	
貓咪名字	
貓咪年齡	
目前疾病狀況 ——診斷名稱 ——確診日期 ——回診頻率 ——最新檢查結果 ——目前用藥 ——貓咪配合度 ——醫師建議	

貓咪生活日記	
記錄日期	
體重 / BCS / MCS	
最近生活狀況 ——精神狀況 ——遊戲狀況 ——睡眠狀況 ——壓力來源	

最近平均每天排尿狀況 ——尿量(g) ——尿色	
最近排便狀況 ——形狀 ——糞便量 ——顏色	
最近食物 ——食譜參考來源 ——食物商品名稱 ——主食 ——配菜 ——零食 ——飲食喜好	
最近食慾(g)	
每日熱量(kcal)	
最近每日喝水量 c.c. ——食物中水量 c.c. ——自主飲水水量 c.c.	
最近每天人工補水狀況 ——皮下補水量 c.c. ——人工餵水量 c.c.	
下次回診日期	
下次回診 要跟醫生討論的事	
備註	

貓咪觀察日記

基本資料	
貓咪名字	
貓咪年齡	
目前疾病狀況 ——診斷名稱 ——確診日期 ——回診頻率 ——最新檢查結果 ——目前用藥 ——貓咪配合度 ——醫師建議	

貓咪生活日記	
記錄日期	
體重 / BCS / MCS	
最近生活狀況 ——精神狀況 ——遊戲狀況 ——睡眠狀況 ——壓力來源	

最近平均每天排尿狀況 ——尿量(g) ——尿色	
最近排便狀況 ——形狀 ——糞便量 ——顏色	
最近食物 ——食譜參考來源 ——食物商品名稱 ——主食 ——配菜 ——零食 ——飲食喜好	
最近食慾(g)	
每日熱量(kcal)	
最近每日喝水量 c.c. ——食物中水量 c.c. ——自主飲水水量 c.c.	
最近每天人工補水狀況 ——皮下補水量 c.c. ——人工餵水量 c.c.	
下次回診日期	
下次回診 要跟醫生討論的事	
備註	

貓咪觀察日記

基本資料	
貓咪名字	
貓咪年齡	
目前疾病狀況 ——診斷名稱 ——確診日期 ——回診頻率 ——最新檢查結果 ——目前用藥 ——貓咪配合度 ——醫師建議	

貓咪生活日記	
記錄日期	
體重 / BCS / MCS	
最近生活狀況 ——精神狀況 ——遊戲狀況 ——睡眠狀況 ——壓力來源	

Dr.Ellie X 腎病貓的營養學
疾病的開始與結束、預防與檢測，還有 365 天的日常照護知識與對症食譜

作　者　Dr.Ellie
責任編輯　王斯韻
美術設計　密度工作室
全書插畫　許匡匡
行銷企劃　曾于珊

發行人　何飛鵬
總經理　李淑霞
社　長　張淑貞
總編輯　許貝羚
副總編　王斯韻

出　版　城邦文化事業股份有限公司 · 麥浩斯出版
地　址　104 台北市民生東路二段 141 號 8 樓
電　話　02-2500-7578
發　行　英屬蓋曼群島商家庭傳媒股份有限公司城邦分公司
地　址　104 台北市民生東路二段 141 號 2 樓
讀者服務電話　0800-020-299 (9：30 AM ~ 12：00 PM；01：30 PM ~ 05：00 PM)
讀者服務傳真　02-2517-0999
讀者服務信箱　E-mail：csc@cite.com.tw
劃撥帳號　19833516

戶　名　英屬蓋曼群島商家庭傳媒股份有限公司城邦分公司
香港發行　城邦〈香港〉出版集團有限公司
地　址　香港灣仔駱克道 193 號東超商業中心 1 樓
電　話　852-2508-6231
傳　真　852-2578-9337

馬新發行　城邦〈馬新〉出版集團 Cite(M) Sdn. Bhd.(458372U)
地　址　41, Jalan Radin Anum, Bandar Baru Sri Petaling, 57000 Kuala Lumpur, Malaysia
電　話　603-90578822
傳　真　603-90576622

製版印刷　凱林印刷事業股份有限公司
總經銷　聯合發行股份有限公司
地　址　新北市新店區寶橋路 235 巷 6 弄 6 號 2 樓
電　話　02-2917-8022
傳　真　02-2915-6275
版　次　初版一刷　2019 年 02 月
定　價　新台幣 480 元　港幣 160 元

國家圖書館出版品預行編目（CIP）資料

Dr.Ellie X 腎病貓的營養學 疾病的開始與結束、預防與檢測，還有 365 天的日常照護知識與對症食譜 / Dr.Ellie 著 . -- 初版 .
-- 臺北市：
麥浩斯出版：家庭傳媒城邦分公司發行 , 2019.02
面；　16.8 X 23 公分
ISBN 978-986-408-469-2（平裝）

1. 獸醫學 2. 貓

437.25　　108000417

Printed in Taiwan